人生風景・全球視野・獨到觀點・深度探索

15

網紅自媒體時代，企畫力才是王道

人氣鬼才編劇親授！22個超強提案+55招關鍵策略，從發想到執行，
實戰技法完全公開，打造絕對會被採用的熱門企畫和未來人才必備的競爭力

作　　者　鈴木收
譯　　者　黃薇嬪
主　　編　曹　慧
美術設計　三人制創
社　　長　郭重興
發行人兼出版總監　曾大福
總 編 輯　曹　慧
編輯出版　奇光出版
E-mail: lumieres@bookrep.com.tw
部落格：http://lumieresino.pixnet.net/blog
粉絲團：https://www.facebook.com/lumierespublishing
發　　行　遠足文化事業股份有限公司
http://www.bookrep.com.tw
23141新北市新店區民權路108-4號8樓
電　　話：(02) 22181417
客服專線：0800-221029　傳真：(02) 86671065
郵撥帳號：19504465　戶名：遠足文化事業股份有限公司
法律顧問　華洋法律事務所　蘇文生律師
印　　製　呈靖彩藝有限公司
排　　版　極翔企業有限公司
初版一刷　2017年2月
定　　價　340元

國家圖書館出版品預行編目資料

網紅自媒體時代, 企畫力才是王道：人氣鬼才編劇親授！22個超強提案+55招關鍵策略,從發想到執行,實戰技法完全公開,打造絕對會被採用的熱門企畫和未來人才必備的競爭力 / 鈴木收著；黃薇嬪譯. -- 初版. -- 新北市：奇光出版：遠足文化發行, 2017.02
面；　公分
新企画：渾身の企画と発想の手の内すべて見せます

ISBN 978-986-93688-5-8(平裝)
1.企劃書 2.創意

494.1　　105022338

線上讀者回函

網紅自媒體時代，企畫力才是王道

人氣鬼才編劇親授！

22個超強提案+55招關鍵策略，

從發想到執行，實戰技法完全公開，

打造絕對會被採用的熱門企畫和未來人才必備的競爭力

鈴木收 著

黃薇嬪 譯

前言

我是節目編劇鈴木收。十九歲開始從事這份工作，到二〇一六年四月就滿四十四歲了，而我的編劇人生也邁入第二十五個年頭。

這次趁著迎接二十五年的機會，我把自己思考節目企畫、創作的方式寫成這本書，一舉公開。

近幾年經常有人找上我，問：「你有沒有興趣出商管書？」可惜我對對方提出的商管書沒有概念，所以直接拒絕。

不過，這次我寫的，是商管書。

我從二〇一五年的夏天起，暫停了絕大多數的節目編劇工作，專心帶小孩，學習當個父親。

為了照顧剛出生的小孩，我待在家裡的機會變多，準時收看電視的時間也變多。

也因為這樣，我明白了現在大家怎麼看待和定位電視。

還有智慧型手機提供的各式服務與ＡＰＰ、線上影音串流。最重要的是Netflix[1]的出現。

Cyber Agent[2]與朝日電視台合作的網路電視 Abema TV 也令人期待。

日本目前的網路影音服務還沒有像無線電視那麼普及，不過看了 Netflix 之後，我感覺普及的日子不遠了。

到了網路影音平台也能做出「跟無線電視相同，甚至超越無線電視節目的有趣內容」時，網路電視就會普及。

假如那一天到來，我也想成為其中一份子。

詭異的是，我一休假，反而想出比過去更多的企畫點子。

我個人的習慣是只要一想到企畫點子就會詳細筆記，不過那些點子不是只有電視綜藝節目或連續劇的企畫，也包括網路電視與ＡＰＰ。

1 譯註：中文名稱「網飛」，美國知名網路串流節目服務平台，於二〇一六年一月正式進軍台灣。每月支付定額月費，即可不限次數在該平台上收看節目。

2 譯註：日本知名網路廣告代理商，負責營運日本最大社群服務網站 Ameba 等。二〇一五年成立台灣分公司，名稱為「日商賽博艾堅特（股）公司」，台灣的「愛評網」、「愛料理」、「FashionGuide」等均為該公司的投資對象。

因此，我想到何不乾脆就把這段期間想到的新企畫，以及最近幾年只想出大致輪廓的新企畫，彙整成一本書。寫書的話，我就可以利用妻兒睡著之後進行。於是我開始為這本書整理新企畫。

進行到一半時，負責這本書的幻冬舍編輯箕輪問我：「你是如何想到、思考這些點子的？」

我不曾一一檢視每個企畫，思考自己是如何想到和創作，不過回想的過程可以回顧自己過去的工作模式、創作方式，了解自己的習慣，我覺得十分有趣。

我將在這本書裡介紹自己構思的電視與網路節目、APP等全新企畫，並提出「企畫術」，也就是我構思的過程，同時回顧我過去參與製作的電視節目、電影、書籍等，藉由這種方式公開企畫的思考過程和創作方式。

我認為書裡說明的企畫思考方式及精神論，不僅對於電視圈，或許也能夠成為多數人在工作上、思考上的靈感來源。

除了工作之外，比方說，受命規畫朋友的婚宴時，必須炒熱與公司前輩聚餐喝酒的氣氛時，與心儀對象約會、與家人出外旅遊等時候，一個「企畫」就能夠讓情況大不相同。

每天在家照顧小孩、開始自己做菜後，我發現做菜也是一種企畫。假如有人問我「企畫是什麼」，我會說是「種子」。

播種的人生很快樂，不過製造種子的過程更有意思。只要讀完這本書裡的「二十二顆種子」與每個企畫的「企畫術」，各位一定也會發現播種不難，製造種子也不難，甚至可以說十分有趣，因此想要進一步自己動手試試看。

這也是一種有益頭腦的自主訓練。請各位帶著這種心情，繼續往下讀吧。

鈴木收

注意

欲將書中的
「新企畫」做為商業用途，
請與以下單位聯絡。

〈聯絡處〉
日本幻冬舍（股）公司第三編輯局「新企畫」收
TEL: 03-5411-6211　FAX: 03-5411-6225
E-mail: kosuke_minowa@gentosha.co.jp

Contents

第2章

「熱門企畫」與「普通企畫」的不同

企畫開始發光發熱才會大賣
本章介紹讓觀眾欣喜若狂的手法

第 4 章

利用逆向思考想出熱門企畫

完美控制「懸念」、「負面情緒」，就能催生出熱門企畫

第 1 章

如何成為一流企畫人

能夠「強迫」自己衝衝衝，
就有資格成為企畫人。
本章談企畫人的知性與必備
的基本技能。

新企畫 1

投資客對決的綜藝節目《金錢之神》

日本民眾對於經濟的興趣日增，利用 NewsPicks、東洋經濟 online 等經濟新聞ＡＰＰ的人也變多了。一般推測應該是日本無法阻止貧富差距擴大，因此民眾轉向投資股票或外匯，希望多少賺點錢增加收入。

這當中有一群人被稱為投資教主。美容教主、明星主廚等都曾經引起話題，今後將會是教主級投資客受人矚目的時代！

上網搜尋就會陸續看到許多令人感興趣的教主級投資客的名字。

第一位是只花六年就把手邊的兩百萬日圓（約新台幣六十萬元）變成十億日圓（約新台幣三億元）而備受矚目的投資教主 DAIBOU CHOU。

第二位是Ｂ・Ｎ・Ｆ，人稱「J-COM 男」的投資客。二〇〇五年，他因為「瑞穗事件」[3]取得二十億日圓（約新台幣六億元）的獲利，電視新聞連續幾天都有報導。他當時是二十七歲的待業者，手頭只有一百六十萬日圓（約新台幣五十萬元）。

第三位是人稱「瓜坊」的投資客，他靠打小鋼珠賺得一百萬日圓（約新台幣三十萬元），並在一年半內變成一億日圓（約新台幣三千萬元）。據說有段時期甚至高達兩億，後來卻只剩下三百八十七萬日圓（約新台幣一百二十萬元），他的人生充滿戲劇性。

第四位是株之助「HANABI」，這位投資客是當沖[4]先驅，他曾經將三百萬日圓（約新台幣九十萬元）的資金變成兩億日圓（約新台幣六千萬元），也曾上過《蓋亞的黎明》節目[5]。

日本有許多別具特色的投資教主。這群人中，許多人已經低調退休，他們的人生也值得玩味。

因此，這個企畫就是投資教主的綜藝特輯。

3 譯註：「瑞穗事件」是指二〇〇五年 J-COM 股票在日本東京證交所新興企業市場「MOTHERS」創業板上市的首日交易日，瑞穗證券的交易員電腦下單錯誤，將原本「每股六十一萬日圓（約新台幣十九萬元）」誤植為「六十一萬股每股一日圓（約新台幣〇．三二元）」售出，造成瑞穗證券高達兩百七十億日圓，約新台幣八十四億元的損失，也導致東京股市大震盪。

4 譯註：「當沖」全稱是「當日沖銷」，意思是同一天之內，以相同帳戶買入賣出同一檔個股，達成結清交割的行為。

5 譯註：該系列節目在台灣國興衛視播出時名為《追夢高手》。

Please imagine this!

每次挑選兩位投資教主上節目。當然有許多人不願曝光，因此必須替他們打上馬賽克。

比方說，這次登場的是把兩百萬日圓變成十億日圓的男人，對決把一百萬日圓變成一億日圓又一口氣花光的男人。

製作單位交給這兩人的預算是每人一千萬日圓，雙方比賽看看三個月能夠增加多少錢。

投資方式除了股票、外匯外，還可使用賭博以外的其他方法。

在三個月的期限內，用上所有投資技巧把錢變多。

賠錢由節目負擔；反之，利用一千萬賺得的部分，則全數歸參賽者所有。

也就是說，雙方的對決只是賭上身為投資客的面子而已！

兩名參賽者想必會以自己的方式過濾眾多資訊，進行投資吧。

最後獲勝的是把兩百萬變成十億的那人？還是花光一億日圓的那人有機會扳回一成，贏得勝利？他們採取什麼投資策略？作戰計畫又是什麼？

究竟三個月之後，勝利的是哪一方？

這個節目的有趣之處不僅在於雙方對決的過程，也在於閱讀大量的投資情報。三個月的對決結束後再一口氣播出節目內容，看看他們買了什麼股票，投資了哪些產業，這樣播出時就能夠直接秀出這些金融商品的名稱。

透過這種方式，我們可以從經濟的角度了解日本企業資訊與不起眼的新聞是如何牽動股價波動，學習這三個月間的日本動態。

意想不到的商品上市會影響到一家公司的股價；某位藝人結婚會造成股價下跌。

從這當中可以看見蝴蝶效應[6]。

看看日本經濟新聞再加上投資對決。

我相信《金錢之神》應該能夠抓住日本男性上班族的心！

[6] 譯註：蝴蝶效應是連鎖效應的其中一種，意思是表面上看來毫不相干、極微小的事物，也可能帶來巨大的改變。

企畫術

從「不可能」、「沒辦法」開始的企畫

話先說在前頭，我認為這項企畫只適用於網路節目。

企業名稱頻頻出現，也是這個企畫難以在無線電視台製作播出的原因。無法在無線電視台播出，走向網路等平台才是這個企畫的樂趣所在。

日本除了無線電視（地上波）之外，ＢＳ衛星電視、ＣＳ衛星電視、網路電視等的頻道數量也大幅增加。

許多人太刻意想做出「無線電視台無法做的節目」，因此製作出太過激進的節目。激進、情色——這些東西反而很難成為娛樂，也少有成功的例子（偶爾還是有，我由衷佩服）。

假如讓我製作網路電視節目，我認為應該要做「無線電視台做不到的節目」，而這個「無線電視台做不到的節目」，就是像《金錢之神》這樣的節目。

朝日電視台有個節目叫《拜託排行榜》，從二〇〇九年開播到現在，出現過不少大受好評的企畫，例如：「小改造，大料理」、「美食學院」等單元。

「不可能」反而令人充滿期待

這個節目開播前夕，朝日電視台的製作人曾經神祕兮兮把我找去，說：「這個節目計畫在深夜時段播出，長度是一小時，沒有什麼預算，所以暫時無法邀請藝人參加。」而且屬於帶狀節目，預算少又沒有藝人，我認為難度很高。

可是，**儘管我認為不可能，心底卻充滿期待**。

在這種必須「物盡其用」的狀況下，我最初幹勁十足製作的單元是「美食學院」。這個單元的內容，是讓多位美食家隨心所欲說真心話，聊聊「連鎖餐廳的菜色好不好吃？」並加以排名。

我認為在過去的電視上無法做、也不曾做過這種單元。

既然要排名，意思就是有第一名也有最後一名。我十分重視排名。十道菜裡不只要介紹前三名，也要發表吊車尾的後三名。美食家們對於前幾名的料理讚譽有加，對於吊車尾的菜色則是毒舌批判。

剛開始錄影時很辛苦；願意上節目的企業少之又少，而且現場氣氛劍拔弩張。

這也難怪，這個單元是讓賣東西的商家待在另一個房間聽美食家批評，有時他們聽到那些批評就會火冒三丈。

暴露缺點反而增加說服力

但是我認為在電視上公開發表最後幾名，不僅更添真實感，觀眾或許也會因為發表了最後幾名，反而更有動力去購買前幾名的產品。

故意暴露缺點給人看，人們就會相信那些優點。

比方說，當你對一位漂亮女生說：「妳真可愛」，有的人會回答：「才沒那回事。」我認為這種人最不可信。

可信的人是在我說完「妳真可愛」之後，能夠坦然回答：「謝謝。」然後自暴缺點，說：「大家常說我長相可愛，但也常說我個性很差。」諸如此類。感覺上這樣做的話，「可愛」的程度又更高了。

我會想出這個「美食學院」企畫，是因為我在便利商店看到一本《家電批評》雜誌。雜誌裡列出許多家電新品，由家電愛好者打分數並發表個人意見。

因為給分條件嚴苛，因此顯得正面的意見格外有說服力。

如果一面倒都是稱讚的意見，反而令人難以信服。正反意見都有時，才值得信賴。然而，礙於贊助商的因素，我一直以為這樣的企畫上不了電視，直到《拜託排行榜》這個節目找上門來，在缺乏預算又請不起藝人的情況下，我只得提出過去電視上無人做過也不能做的企畫，節目也因此成形。

找出企畫亮點也是企畫力

假如我要在網路上做節目，我想到的是無線電視台無法做的企畫，也就是《金錢之神》這類節目。

如果是從「無線電視台不能做」的角度切入，新手編劇們提出的節目企畫通常就是「大學生的就業之路」。

可是要在電視上公開企業筆試的過程會牽扯到許多規定，因此很難成功。

事情無法成功，往往存在著意想不到的原因，因此，**在某處開不了的花朵，仍有機會在其他地方兀自綻放**。我認為時時想著「這個企畫擺在哪裡最耀眼？」很重要。

最後稍微離題。從《料理鐵人》[7]之後，日本陸續出現各行各業專業人士對決的節目，除了投資客對決之外，我最感興趣的還有專業化妝師對決。

從Zawachin[8]之後，女性化妝，特別是「變臉妝」的技術堪稱媲美整形效果。

二〇一四年泰國有個介紹日本文化的活動，當地人反映十分熱烈，我因此再次體認到日本女性變臉妝的技術有多麼了不起。

因此我認為兩位化妝師以「變臉妝」對決的節目，想必是話題十足。節目名稱就用《變臉奇蹟》吧？

check list !

□反而刻意去想「不可能」、「辦不到」的企畫。
□故意暴露缺點，更有說服力。
□構思企畫時，也要考慮適合該企畫的舞台。

7 譯註：一九九三～一九九九年日本富士電視台製播的烹飪比賽節目，台灣的日本台也曾經引進播出。二〇一二～二〇一三年改名為《IRON CHEF》復播，台灣的國興衛視引進播出時取名為《鐵人主廚大對決》。

8 譯註：日本知名仿妝部落客，擅長以出神入化的化妝技巧變裝成名人。

新企畫 2

戀愛再現的綜藝節目《心動50》[9]

多年來都是娛樂圈 A 咖主持人的 DOWNTOWN 二人組、小南&小內二人組、隧道二人組，還有音樂圈的「美夢成真」樂團主唱吉田美和等人，仔細算算已經年過五十了。「南方之星」主唱桑田佳祐、女歌手松任谷由實更是已經超過六十歲。

是的，日本這些超過五十歲的人，依舊年輕又充滿活力。

這些五十多歲的人，他們的青春期正值日本泡沫經濟時代，他們看偶像劇談戀愛、上迪斯可舞廳跳舞、滑雪、不停地談戀愛，因此即使上了年紀來到五十歲的現在，依舊比二十幾歲的年輕人更有朝氣，活力充沛。他們見識過日本最輝煌的年代，也懂得怎麼花錢。

一般常說五十世代的人口很多，而且購物欲高，也是企業最主要的目標客群。

因此，這個節目企畫的目的就是為了打動在八〇年代度過青春歲月的五十幾歲觀眾。主旨就是「五十歲也心動！」。

在青春年代談過不少戀愛的男男女女，過了五十歲之後，仍然保有那時的想法。一提到五十歲的戀愛，一般人往往會想到不倫，但我們不該以偏概全。在日本，每三對夫妻就有一對離婚，也就是說仍有不少五十歲的人是單身；許多男女更是因為忙於工作而錯過終身大事。當然還有很多妻子雖然已婚，卻煩惱：「我的人生難道就這樣了嗎？」

人人心裡都有這樣的念頭：「我想談戀愛，我想要心動的感覺。」

因此，這個節目就是向五十幾歲的民眾募集最近感到心動、真實的愛情故事。在高中同學會上？或是在同學的葬禮上？還是在公司後進的婚宴續攤上？

五十幾歲與五十幾歲，五十幾歲與四十幾歲。

這些募集來猶如偶像劇的五十歲心動愛戀故事，經過篩選之後，拍成五～十分鐘的短劇重現。

9 譯註：這項企畫已經由富士電視台與關西電視台製播成《愛情連續劇綜藝50心動戀愛物語》（ラブドラマバラエティー 50キュン恋愛物語）節目，並於二〇一六年十月十一日首播。女演員木村佳乃與搞笑女藝人渡邊直美聯合主持。

負責演出的都是目前超過五十歲、偶像劇全盛時期的演員。

不用說當然有淺野溫子與淺野優子，還有三上博史、陣內孝則、賀來千春子、布施博、池上季實子、吉田榮作、田中美奈子、田原俊彥等。

重現短劇還要搭配松任谷由實、南方之星、山下達郎、Mr. Children、美夢成真、渡邊美里，以及ZOO的招牌歌「Choo Choo TRAIN」等八〇~九〇年代的歌曲。

主持人與五十幾歲的藝人以特別來賓身分現身攝影棚，看看能夠獲得多少「心動分數」。另外也邀請大約五位二十幾歲的答題來賓，問問他們看了五十幾歲長輩的揪心戀愛之後，有什麼想法？是否也跟著心動？還是一點感覺也沒有？答題來賓時而發表意見，時而與五十幾歲者激烈論戰。

Please imagine this!

比方說，我們重現這齣短劇。

・「同學會」主題曲：南方之星的〈淚之吻〉

這場時隔二十年的高中同學會，是為了紀念大家年滿五十歲。

溫子去年剛離婚。她這一年儘管過得辛苦，卻對同學會充滿期待，還特地減重瘦身。

然後到了同學會這天。大家都老了。不過以前的棒球隊隊長阿博還是一樣帥，身材沒有走樣，還保有當年的風采。據說他因為一心工作，錯過了結婚的良機。

眾人一邊喝酒一邊熱烈憶當年。溫子脫口而出：「我當年曾經喜歡過阿博。」結果阿博說：「欸？我也喜歡過溫子。」

散會之後，眾人互換不曾用過的 LINE。溫子和阿博也是。他們小心翼翼不熟練地交換 LINE，有點雀躍。

在回程電車上，溫子的智慧型手機收到阿博傳來的 LINE 訊息，寫道：「我現在或許仍然喜歡妳。不對，我今天再度喜歡上了妳。」

聽著〈淚之吻〉，當時暗戀的心再度甦醒。……怦然。

・「前男友」主題曲：松任谷由實的〈反覆吶喊〉

優子在小吃店打工。結婚已經二十年，丈夫似乎在搞外遇，她卻絲毫不生氣。孩子也大了，每天的生活毫無樂趣可言。

某天，她大學時代的男友祐二來到小吃店。

兩人視線交會，發現是對方。

優子正好準備下班。在回家的路上，優子與祐二邊走邊聊。祐二是離婚後剛搬到附近。離婚是他老婆單方面的要求，並不是祐二外遇。

這天，祐二買了馬鈴薯燉肉。祐二從以前就愛吃馬鈴薯燉肉。優子說：「你還是一樣喜歡馬鈴薯燉肉。」

當年兩人甚至曾經論及婚嫁，卻因為他唯一的一次偷吃而分手。

兩人邊走邊聊昔日交往的往事，笑了出來。

優子說：「當時，如果我們沒有分手的話，現在會是什麼樣子呢？」

祐二說：「也許已經結婚了……」

兩人來到他家門前。那是一棟小小的大樓。

優子鼓起勇氣，說：「改天，我在家裡做馬鈴薯燉肉給你吃吧？」

她再次喊出時隔三十年的愛。……怦然。

・「五十歲的耶誕節」主題曲：瑪麗亞・凱莉的〈All I Want for Christmas Is You〉

美奈子五十歲的耶誕夜，未婚也沒有男朋友。過去男人緣很好的她，在三十五歲那年因為交往五年的男友劈腿年輕女孩，便一直單身到現在。後來她錯過了結婚的時機，偶爾也交男友卻無法持久。然後現在到了五十歲，她沒有交往對象。

她在編輯部工作，工作上表現出色，公司裡盛傳她是最適合搞不倫的女人，而且還謠傳她有交往對象。是個比她小五歲、傲慢又能言善道的屬下，名叫健二。

耶誕夜這天，美奈子沒有約會。回家之前，她去 TSUTAYA 租 DVD。她想看的片子是《愛是您，愛是我》（Love Actually）。這是她最愛的電影。好久沒看了，她突然很想回顧一下。她問自己，一個女人在耶誕夜看這種電影，會不會太寂寞？最後還是決定要看。《愛是您，愛是我》的 DVD 剩下一片。她伸手去拿，正好碰到另外一個人的手。有個男人也對那張ＤＶＤ伸出手，正是她公司的屬下健二。

她因此與健二聊了起來。健二在公司裡雖然沒提，不過他早已離婚。他在此時向美奈子坦白這件事情，接著說：

「咦？難道妳打算自己一個人看這部電影？」

美奈子不想讓他知道自己打算一個人看，便逞強說：「我是準備和男友一起看。」又說：「不過！如果你想看的話，就讓給你沒關係。」

於是，健二說：「前輩說謊時，右邊的眉毛會習慣性上揚。」

美奈子又逞強說：「我才沒有說謊。」健二對美奈子說：「這是我離婚後的第一個耶誕夜。所以，妳可否聽聽一個屬下的魯莽請求呢？」

「什麼請求？」美奈子問，健二拿起《愛是您，愛是我》，對美奈子說：「妳今晚能不能陪我一起看這部片？」

兩個人的真愛至上，於焉展開。……怦然。

這類能夠打動五十幾歲人心的戀愛短篇，不僅讓五十幾歲的人，也讓所有世代想談戀愛。怦然心動已經不再只是年輕人限定的玩意兒。

企畫術

新瓶裝舊酒的技術

去年，我去以往很照顧我的前輩開的酒吧時，遇到一件事。

吧台前坐著前輩的老友S小姐，她年紀五十歲，長得十分漂亮，聽說還是單身，不曾結過婚。辛勤工作的S小姐已經喝得爛醉了。

於是她突然開始說起自己最近被很愛的男人甩了。兩人的關係不是不倫，是單純的戀愛。她落下斗大的淚珠，喝著悶酒。全心全意為愛付出、破局之後哭著喝酒的模樣，實在叫人想不到她已經五十歲。

我原本覺得最近幾年五十幾歲的日本人還是顯得很年輕，實在了不起，看到那位S小姐失戀哭泣的模樣，這個想法再度回到我心頭。即使到了五十歲，依舊想要談戀愛，還是渴望怦然心動。

過了四十歲之後，十幾二十歲的感覺也不會消失，所以進入五十歲，這種感覺也不會不見。

不是上了年紀，年輕時的感覺就會消失。過去愛過的感覺，儘管多少有些褪色，卻依然存在。

然後，比我們年長、在泡沫經濟時期度過青春歲月的世代，尤其活躍。那個世代不愧是體驗過日本最有活力的時期，懂得遊戲方式，感覺也沒有改變。

許多人認為今後的電視圈，關鍵就在五十幾歲的觀眾。

精神年齡其實很年輕的五十世代的購買欲也較高。他們雖說已經五十幾歲，卻不會只看健康資訊節目。從好的角度來說，這群在電視輝煌時代長大的人，對於電視的要求門檻其實比二十幾歲的人更高。這一輩的人對電視仍然抱持期待。

何謂「新瓶裝舊酒的技術」

因此，我想出這個《心動50》節目。一般戀愛節目都是鎖定二十幾歲的觀眾。改為鎖定五十世代的觀眾，看來更有新意。

這一招我稱為「新瓶裝舊酒」。

《SMAP × SMAP》[10]這個節目播出將近二十年，我從開播之初就參與製作。節目開播時，第一任製作人荒井昭博先生曾經這麼對我說：

「就像迪斯可舞廳變成了夜店、滑雪變成了滑雪板之後，再度蔚為風行，過去藝人做過的事改由SMAP來做，看起來就會新鮮又帥氣。這點很重要。」

只要換個瓶子，隨處可見的東西就能夠重生

從無到有固然重要，不過讓已經存在的東西改變型態、展現新樣貌也需要技巧，一旦認真投入，就會引發風潮。

10 譯註：日本關西電視台與富士電視台共同製作，傑尼斯偶像團體SMAP主持的綜藝節目。隨著SMAP宣布解散，節目已在二〇一六年十二月底停播。

而所謂「新瓶裝舊酒的技術」，以菠菜為例，擺在日本料理或西餐容器上，看起來的感覺就會不同；菠菜表面撒柴魚片或是淋上白醬，看起來的感覺也不同。**只是換個容器，看起來就有全新感受，這樣的例子實在很多。**

水就是最好的例子。我小時候還沒有人賣水。

後來水變成需要花錢購買的商品，「法國 evian 天然礦泉水」、「法國 Volvic 天然礦泉水」、「南阿爾卑斯山天然水」、「I LOHAS」[11] 紛紛出現。我認為「I LOHAS」就是完全靠容器取勝的例子。「換個容器」能夠創造出什麼價值呢？

《心動50》正是屬於「新瓶裝舊酒」的節目。坊間有許多談二十幾歲心動戀愛經驗的節目，卻沒有五十世代的。換一個會心動的容器再端出來。

練習換個容器。想像偶然看見的物品，例如：橡皮擦、筆、打火機等，換掉外觀之後，看來會有新意嗎？這也是小小的思考訓練。各位有時間可以練習看看。

事先做好「保險」的重要

順便補充一點，假如這個《心動50》打算做成長度一小時的節目，就可以加上一個十分鐘的小單元，介紹「五十歲左右的美女、型男」，或許也不錯。節目的主線還是在重現五十歲的怦然心動，不過加入這種迷你單元當做節目的「保險」也很重要。有時這些當做「保險」而安排的小單元大獲好評，反而不知不覺變成節目的主線。**最要緊的是最後成功與否，所以別小看預設「保險」的重要。**

check list !

- □只是「新瓶裝舊酒」就能夠讓早已存在的事物呈現新樣貌。
- □另外準備與節目主線不同的「保險」，提高成功率。

11 譯註：日本可口可樂公司旗下的天然礦泉水品牌。

新企畫 3

終極人生猜謎節目《猜猜看！最好的一問》

如果有人要你回顧自己的一生，並想出一個問題問自己，你會問什麼？工作上發生的意外？家人對你說過的話？還是其他？

回顧自己的人生之後想出一個最棒的問題，這個問題是別人發問時，你最希望被問到、最想回答的問題。大家回顧自己的人生，或多或少總會有一個終極疑問想要問問自己。

這個節目的設定是，在一片漆黑的攝影棚放置一張四方形的白色桌子，桌前坐著擁有不同人生經驗的四個人，他們分別想出只有自己知道答案的「最好的一問」，接著互相出題發問，激盪出問題的答案。

Please imagine this!

在某一集的節目裡，來到現場的來賓是……

行醫三十年，人稱「超級醫生」的腦外科醫師。他回顧自己的人生、思考最好的一問時，會問什麼問題？是人生中那唯一的一次失敗？還是妻子對他說過的話？

最高法院的法官又會問出什麼樣的「最好的一問」？與那件大案子的宣判有關嗎？還是人生中哭得最慘的那天？

已經六十歲，工作還是有一搭沒一搭的演員。與他同期出道演戲的同行早都大紅大紫了，儘管如此，他還是繼續在演戲，而他的「最好的一問」會是什麼？過著沒能夠走紅的人生感受到的又是什麼？

因為鉅額逃漏稅被捕而入監服刑三年，出獄之後一無所有的男人。一無所有的他還有等待他的家人，他想到的「最好的一問」又是什麼呢？

五十年來過著平凡上班族生活，很愛妻子，可說隨處可見的男人。他每天認真生活，日子過得平凡無奇，妻子每天替他做便當，沒有一天偷懶。這樣的男人提出的「最好的一問」又是什麼？

有些人是自己領域中的佼佼者，有的人經常在反省，還有些上班族是每天兢兢業業生活。有人一生過得波瀾壯濶，有人的人生被形容是「平凡」，這些人一起圍著一張桌子，提出自己想出的「最好的一問」。

這個企畫的精采之處，不在於現場會出現什麼樣的問題；而是每個人必須各自花時間想出「最棒的一問」，因此要花三天時間密集跟拍整個思考過程。

藉由出題者的工作情況與回顧過往人生的過程，觀眾可以看到他的生存方式，也就是看到他這個「人」。

四位來賓在錄影當天，把經由這個過程思考出的問題帶進攝影棚，坐在桌前，每個人輪番出題。其中一人出題之後，另外三人認真思考再回答，然後出題者說明出題的原因，最後公布答案。

等到四名來賓都出題完畢，四個人互相討論，決定出當天的最佳問題。

這個節目的有趣之處在於把超級醫生或最高法院法官的問題，與庸碌上班族的問題擺在一起。

最後獲勝的，也許是上班族男人的妻子在他生日那天對他說的一句感動的話。

這項企畫的用意是打造充滿人生意義、人生價值的猜謎節目。

有幾集可以限制坐在桌前的四個人都是同年紀或同世代。同樣歲數的人卻有這般差異，想必會帶來一連串驚喜。看完節目後，觀眾會這麼想：「無論從事受人尊敬的工作或是乍看很普通的工作，人生燦爛與否，端視自己的心情與想法決定。」

猜謎！最好的一問。

順便補充一點，我，節目編劇鈴木收，如果要上這個節目，我會想問：「截至目前為止見過最漂亮的藝人是誰？」「最氣勢如虹、光芒萬丈的藝人是誰？」不對。

請問！我，鈴木收過了三十歲之後，這輩子首次真心誠意說出口的話，到底是什麼？

在那之前我從沒說過。來，請猜猜看？

企畫術

「好奇」正是企畫的起源

我一直認為「好奇」是最了不起的才能。人們想知道自己不知道的事物，也想告訴大家這一點。

引起別人對自己好奇，正是「企畫」的第一步

我十九歲進這行時，前輩對我絲毫不感興趣；因為對我沒興趣，所以對我提出的企畫或笑點也不感興趣。

我當時心想，必須先做出讓人感興趣的事才行。當時東京開始流行ＳＭ俱

樂部，對我不感興趣的前輩們在聊「ＳＭ俱樂部」。

那到底是什麼樣的地方？做些什麼樣的事？我決定前往ＳＭ俱樂部一探究竟。我當然沒有那種興趣，只是去採訪。

隔天，我把自己去ＳＭ俱樂部的事告訴前輩，他們突然開始對我感興趣。

只要開始對我感興趣，對我提出的企畫也會有興趣。

那時我才注意到，人對於那些擁有自己沒有這種經驗的人「格外感興趣」。

與自己不同世界的事物，正是自己需要的東西

我對於能聊日常生活和工作上沒機會接觸的話題的人，十分感興趣。與這些人喝酒，問問他們的人生，是很有趣的過程；因為他們做過我從未經歷過的事。

所以我的手機裡有牛郎店老闆、因突發事件受傷者，以及有著形形色色人生的人的電話號碼，並且定期與他們吃飯。然後我會問他們，截至目前為止的人生中最感生氣的事、最賺錢的事、最感驚訝的人、覺得最不妙的時刻，諸如此類。

我積極認識擁有我無法體驗的人生的人。**與自己工作無關的人說的話更能夠帶來刺激**。其實不同世界的事物，才是最大的養分來源。

「限制」是琢磨企畫時的必備要素

這個「最棒的一問」的重點在於「一問」。**企畫的設限愈多愈有樂趣**。

人生閱歷豐富的人所說的話，可以出成好幾本書。但是，把這一切變成「一個問

題」才是樂趣所在。

「設限」反而能夠彰顯事物意外有趣之處。

舉例來說，不喜歡古典樂的人無法忍受一首長達兩小時以上的古典樂，但如果由日本首席指揮家從長達兩小時以上的樂章中，挑選他認為最出色的一分鐘，只擷取那一段內容演奏。

為什麼要選擇那一分鐘的樂曲？

從兩小時中擷取一分鐘，或許更能傳達整首樂曲的過人之處，一般人也能從中了解古典樂的美好。

「設限」是基本中的基本，而**設限的「點」將會為企畫增添無與倫比的原創性。**

check list !

□首先要引起別人對自己而不是對企畫感興趣。

□積極吸收與自己不同世界的人的談話和經驗。

□限制、限制、限制。設限能夠粹煉企畫。

新企畫 4

全新新聞綜藝《時事評論員對決擂台》

新聞主播久米宏主持的《News Station》[12]使原本給人嚴肅印象的新聞節目，變成貼近大眾的軟性節目。記者池上彰為了讓小朋友也能夠聽懂新聞，把新聞內容消化後再行說明，讓原本不懂卻裝懂、不知道又不敢問的大人無須擔心，成功拉近新聞與綜藝節目的距離。

《時事評論員對決擂台》就是相隔十年再推出的新型態新聞節目，提供嶄新的觀看新聞方式，進而昇華成全新的娛樂節目。

現在全球觀眾在看新聞節目和資訊節目時，都很期待時事評論員的發言。這些發言時而激烈，時而充滿智慧，痛快批判新聞時事。觀眾有時對評論員的意見有共鳴或覺得暢快，有時則是忿忿不平，並樂在其中。

然而，受到觀眾喜愛的時事評論員卻不多。各電視台持續挖掘松子Deluxe[13]、Terry伊藤[14]這類意見領袖。

因此，這個節目企畫的宗旨是「徵選新生代時事評論員」。

每週找五位時事評論選手到攝影棚；這些人實際上鮮少上電視，包括資深新聞記者、雜誌作家、二丁目[15]的男大姐、美女東大生、作品叫好不叫座的作家等。每個禮拜透過自薦或他人推薦的方式選出這五人擔任時事評論選手，上場比賽。

Please imagine this!

節目採現場直播方式。本週上場的五位時事評論選手，分別坐在類似猜謎節目的答題

12 譯註：日本朝日電視台的新聞節目，於一九八五～二〇〇四年播出。
13 譯註：以女裝打扮著稱的日本藝人、專欄作家、節目主持人。
14 譯註：日本劇場導演、電視製作人、藝人、評論家、作家。
15 譯註：東京知名的同志區新宿二丁目。

者座位。

然後播放新聞。新聞內容是歸納成一～三分鐘的本週新聞。看完新聞後有什麼想法和感覺？每位選手有三十秒發表意見。

五人都發表完畢，則由攝影棚內的一百名成人觀眾進行審查、投票，看看誰的評論最好。投票的票數就是得分。

一小時的節目會播放十支新聞片段，每次由五位選手發表個人想法，取得分數。最後由取得最多分數的評論選手獲勝，下週將繼續出場參賽。

節目的主軸是透過選拔會形式挑選新生代時事評論員。這週的五人是什麼背景？會談些什麼內容？當中是否有特別有趣的人？觀眾可以一邊想想這些問題，一邊回顧本週新聞大事。

這就是全新的新聞綜藝《時事評論員對決擂台》。

企畫術

懂得置換「主角」

用講究的福神漬搭配咖哩飯[16]

將原本不是主角的人事物變成主角。

飯糰的主角是米。簡單的鹽味飯糰主角更是米。

可是，「這個飯糰更講究的是鹽巴而不是米」，**改用這種方式主打配角而非主角，就能夠改變民眾對於事物的看法。**

16 譯註：福神漬是非發酵型的日本醬菜，以蘿蔔、茄子、紅鳳豆、蓮藕、黃瓜、紫蘇果實、香菇和白芝麻等七種蔬菜為原料，浸泡醬油、砂糖、味霖混合的調味液製成，通常搭配咖哩飯食用。

在咖哩飯裡，福神漬始終是配角。但如果咖哩飯菜單上寫著：「京都歷史悠久醬菜屋悉心設計最適合搭配咖哩飯的福神漬」，你有什麼想法？

不僅主角變成了福神漬，民眾也能改以過去不曾想過的角度品嘗咖哩飯。

仔細看看，將原本不是主角的人事物變成主角，這種方式也是行銷熱門商品的慣用手法——**強調原本沒有強調的地方，藉此吸引眾人目光**。

這個《時事評論員對決擂台》也是同樣道理。原本的主角是新聞，時事評論員只是配角，但許多人看新聞都期待聽到時事評論員的意見。

因此，反過來讓時事評論員變成主角，就成了全新的新聞綜藝節目。

過去我曾經參與《¥金錢之虎》[17]的製作，我認為那個節目就符合這個理論。

《¥金錢之虎》簡言之就是稱為「虎」的出資者，決定是否要資助提案人提出的商業點子，屬於「創業家選秀節目」。

一說到選秀節目，一般來說主角應該是「被徵選」的那一方。

可是，《¥金錢之虎》這個節目從節目名稱也可看出，「選人」的那一方才是主角。

原本選人、出錢的那一方應該是配角，卻反客為主，這種情況幾乎不存在。

以咖哩飯與福神漬為例，很顯然創業提案人是咖哩飯，出資者是福神漬，節目卻從一開始就反其道而行，故意準備味道特殊的福神漬產品，讓福神漬看起來像是主角。

我在那個節目的主要工作是與出場的創業素人進行最後確認。

到了正式錄影的一週前，我與那些素人見面，再次整理他們想強調的重點及熱忱。當時我心想，這名提案人如果對那群特立獨行的出資者表達此刻的心情，他們會說些什麼？

節目的重點終究在於出資者會說些什麼？會不會答應出資？

因此，我與素人開會的過程中，經常想的是，身為主角的出資者會有什麼反

17 譯註：二〇〇一～二〇〇四年日本電視台製播的實境秀節目。內容是由一般民眾提出創業計畫，企業家決定是否資助。

應？（雖然我總是讓出場的素人以為他們才是主角。）

讓配角變成主角。

把聚光燈打在意想不到的配角上，這樣看起來就不再是隨處可見的節目了。

贈品也需要「企畫力」

講個題外話。《￥金錢之虎》那個節目已經停播很久，不過去年我家小孩出生時，日本電視台的製作人栗原甚先生送了我一把椅子祝賀。

那張椅子是在《￥金錢之虎》節目中拿到資金、開了家具店的老闆製作的作品。

那位老闆從那個節目取得創業資金，幾年後替我這個工作人員的小孩做椅子。

工作能力強的人，就是有辦法讓一個禮物擁有自己的故事。

check list !

□讓配角看起來像是主角，就能夠立刻改變欣賞方式。

□禮物也能夠展現企畫力。

新企畫 5

編劇對談《編劇心目中那齣日劇的後來》

二〇一二年出版的《文藝春秋》月刊中，編劇倉本聰先生投稿的〈腦海中的《來自北國》〉一文引發話題。這篇文章講述知名電視劇《來自北國》[18]的後續發展，而且不是已經被官方採用的劇情，而是如標題所述，是倉本聰先生心目中《來自北國》接下來的故事，讀完令人期待萬分。螢與純的朋友正吉結婚，兩人在福島生活。二〇一一年發生三一一東日本大地震，螢的丈夫正吉失蹤……後續的故事如此驚人。

人氣電視劇播映完畢後，仍會永遠留在眾人心中。大家都喜歡在喝酒時討論：「那齣電視劇後來如何發展？」

即使在現實生活中，續集恐怕會因為各式各樣的理由而難產，不過編劇如果只是想像、只是聊聊的話，不會有任何問題。而我的出發點很單純，只是很想聽聽大家怎麼說。

因此，這項企畫就是每集邀請一位曾經寫出超人氣電視劇的編劇，到節目中以輕鬆的心情簡單聊聊自己寫的某齣人氣連續劇的後續故事，與觀眾分享，只有簡單的草稿筆記也無妨。

編劇構思的連續劇後續發展，究竟是什麼樣的內容呢？另外在節目中也可以聊聊人氣電視劇製作過程的祕辛。

某個角色究竟為什麼有那樣的發展？

既然思考了後續的發展，過去不曾揭露的電視劇祕密也能夠在此公開。

人氣編劇的作品通常不只一部，所以我們有機會聽到許多連續劇的後續發展和幕後祕辛。

18 譯註：《來自北國》是知名編劇倉本聰的作品，一九八一～二〇〇二年在日本富士電視台播出。台灣也曾經引進特別篇與連續劇版。

Please imagine this!

☆邀請鎌田敏夫擔任特別來賓，聊聊《男女七人秋物語》（一九八七年）、《紐約戀愛物語～LOVE STORY IN NEWYORK～》（一九八八年）、《29歲的聖誕節》（一九九四年）的主角們後來怎麼了？

☆邀請野島伸司擔任特別來賓，聊聊《一〇一次求婚》（一九九一年）、《一個屋簷下》（一九九三年）、《未成年》（一九九五年）的主角們後來怎麼了？

☆邀請宮藤官九郎擔任特別來賓，聊聊《小海女》（二〇一三年）、《虎與龍》（二〇〇五年）、《木更津貓眼》（二〇〇二年）的主角們後來怎麼了？

☆邀請坂元裕二擔任特別來賓，聊聊《東京愛情故事》（一九九一年）、《兩個媽媽》（二〇一〇年）、《儘管如此也要活下去》（二〇一一年）的主角們後來怎麼了？

☆邀請中園美穗擔任特別來賓，聊聊《大和拜金女》（二〇〇〇年）、《派遣女王》（二〇〇七年）、《派遣女醫》（二〇一二年）的主角們後來怎麼了？

☆邀請君塚良一擔任特別來賓，聊聊《大搜查線》（一九九七年）、《一直都愛你》（一九九二年）的主角們後來怎麼了？

☆邀請北川悅吏子擔任特別來賓，聊聊《長假》（一九九六年）、《美麗人生》（二〇〇〇年）、《跟我說愛我》（一九九五年）的主角們後來怎麼了？

☆邀請三谷幸喜擔任特別來賓，聊聊《古畑任三郎系列》（又譯《新紳士刑警》與《紳士刑警》，一九九六～二〇〇六年）、《奇蹟餐廳》（一九九五年）的主角們後來怎麼了？

編劇比誰都有資格聊聊這些人氣電視劇可能存在的後續發展與製作祕辛。而這個節目也能讓當年熱中看這些電視劇的觀眾再次點燃熱情。

企畫術

「自己是否充滿期待」很重要

擬定企畫時，最重要的是你自己是否先感到期待。

擬定企畫、想出企畫內容之後，自己是否雀躍不已，期待萬分？

當然也有些企畫「不是如此」。

我相信也有不少人氣節目都是秉持著「就這樣端給觀眾看，也沒什麼不好」的想法製作。

讓你充滿期待的企畫蘊含無限潛力

然而，如果以結果來看，連自己都期待到背脊發麻的作品，更具有爆發力。

光是迎合觀眾的喜好還不夠，必須擊出全壘打才行。當然有時也會揮棒落空。這個《編劇心目中那齣日劇的後來》的節目企畫正是如此。我們在人氣日劇陪伴下度過青春歲月，率先就會對這個節目充滿期待，心動不已。

以前有個特別節目，叫做《木村拓哉的同學會》。

木村跟我一樣都是一九七二年出生。

一九七二年出生的藝人、名人很多，這個世代相當特別，因此我打從遇到木村之後，就一直記得自己跟他同年。

一方面因為我對同樣是一九七二年出生的人格外感興趣，所以替木村製作個人特別節目時，我一提出這個企畫，木村也覺得有趣，節目因此成形。

我做這個節目時特別興奮，因為再沒有其他節目像這樣，來賓全都與我同齡。與木村拓哉同年的來賓陸續現身，節目也引起話題。

順便補充一點，當時同樣年紀的品川庄司[19]的品川也參與演出。後來他在《雨後敢死隊的脫口秀》[20]中，提議「華麗的47年班」這個集合同年齡藝人的企畫，也同樣話題十足。

打造自己也期待的企畫時，最重要的是找到與自己有相同品味、能夠一起期待雀躍的夥伴。

找到有同樣感覺的人

我們這些節目編劇在許多電視台與形形色色的人合作。有些人一起工作很愉快，有些人則否。

然而，也不是與「合作愉快的人」共事，企畫就會成功。有時反而是與「難相處的人」合作才會成功。

鮮少有人能夠一起為了自己的想法「雀躍期待」，因此一旦遇上了，就應該珍惜緣分。

所謂「同感雀躍期待的人」，即使共事痛苦無比，也應該好好溝通，絕不妥協。與這樣的人共事，即使偶爾發生嚴重衝突，最後也一定可以握手言和。

值得慶幸的是，我在三十幾歲時就遇到過不少這樣的人，那些經驗十分珍貴。

與這些人帶著同樣感覺一起期待成果，一起走過痛苦的過程也很重要。用120%的自己去碰撞吧。

check list !

□別輕忽自己的狂熱。

□與擁有同樣感覺的人合作，即使痛苦也要珍惜這種經驗。

19 譯註：品川庄司是由品川祐與庄司智春搭檔組成的搞笑二人組。

20 譯註：日本朝日電視台製播的綜藝談話節目，由搞笑藝人團體雨後敢死隊主持。台灣的緯來日本台引進播出時，取名為《毒舌糾察隊》。

第2章

「熱門企畫」與「普通企畫」的不同

企畫開始發光發熱才會大賣。
本章介紹讓觀眾欣喜若狂的手法。

新企畫 6

模擬自治體危機
《日本現在很危險！》

二〇一一年，日本東部發生三一一大地震，引發超乎日本人想像的地震和海嘯，還有核能外洩意外。

此後也頻頻發生大型龍捲風、火山噴發、河川氾濫潰堤等災害。日本不斷發生遠遠超乎我們想像的天災人禍。

今天的日本就算再有什麼事情發生，也不會有人感到訝異了，因為原本照理說不會發生在日本的天災人禍，發生機率不到1％甚至不到0.1％，卻都發生了。各位也察覺到了吧？「原來日本是這麼危險的國家嗎？」

可是，日本就是這麼危險的國家。因此，現在住在日本的民眾必須了解，日本是會發生各式各樣天災人禍的國家，才能繼續住下去。必須充分了解日本這個國家、這片土地，才能與之共處。

今天的日本，就連只有0.1%機率的事情都會發生，現在已經到了以往只在電視上看過、國外驚人的場面也會在日本發生的時代。或許有一天蝗蟲也會襲擊日本，畢竟連龍捲風都出現了。

因此，這項節目企畫是召集地盤與地形研究學者、天災研究學者、建築專家等十位左右的研究人員，加上各領域的專家組成團隊，每次造訪日本各地。

專家團隊在一個市鎮徹底調查之後，集合該市鎮的居民，公布該市鎮可能發生什麼樣的災害與意外，並模擬發生機率超過0.1%的「危險」，向居民提出警告。

Please imagine this!

本集節目以栃木縣某個村子做為舞台，十位研究學者組成「危險模擬小組」造訪該村落，耗時一週全面調查當地的山川、城市、地形等。

一週後，召集全村居民到公民會館，由「危險模擬小組」宣布調查結果。

公民會館裝設的最新螢幕上，播放模擬影像及調查結果。

這時發表的是這個村子發生機率「超過0.1％的危險」。

·村裡小學的後山發生龍捲風的機率超過0.5％。

·村公所底下有地震活斷層，因此村子坍塌的機率超過1％。

·河川氾濫潰堤的機率超過0.2％。

·化學製藥工廠爆炸的機率超過0.8％。

·通往山裡的隧道超過五十年，因此坍塌的機率超過0.3％。

·跨越河谷的橋樑垮下來的機率超過0.1％。

·位在五十公里外的核電廠爆炸，遭輻射波及的機率超過0.1％。

二〇一一年以前，日本人或許沒有注意到這0.1％的危險，可是現在不一樣了，因為即使發生機率只有0.1％，還是有可能發生。

「危機模擬小組」在村民面前公布這個村子的「潛在危險」，並對住在附近的居民提出警告。

電視台討厭煽動危險，可是現在已經到了非說不可的時候。

對日本各種場提出危險機率0.1％的警告，可以重新了解日本這塊土地，也能拯救自己的性命。

各鄉鎮市政府想用公家預算進行這類調查很困難，有了這個企畫，電視就能發揮它的力量。

企畫術

「跟自己有關」是挑起興趣的關鍵

缺乏真實性，就不會有人感興趣

我喜歡能夠把電視力量發揮到極致的節目。電視上偶爾會播出公開搜索通緝犯的節目。製作那類節目，我認為最困難的地方在於，倘若為了引起觀眾興趣而增加娛樂效果，反而會被批評不夠嚴謹。

但是，有了娛樂效果就能吸引更多人觀看；有人觀看，就更容易募集到新資訊。因此，這個《日本現在很危險！》節目，如果要做的話，我認為最好能夠做到讓更多觀眾有興趣觀看。

煽動危險與提醒危險不同。

不少節目談的是富士山火山爆發等天災的危險，而觀眾看這類節目大多是因為其中具有真實性。

舉例來說，把富士山的火山爆發當成都市傳說介紹，或是加上池上彰先生的說明，兩者的真實性就會有所不同，觀看的人數也會因此不同。

池上先生的說明不僅簡單好懂，他平常就在分析新聞，因此由他來解釋富士山的火山爆發，自然就多了幾分真實感。

觀眾**能夠感受到多少真實感，這點很重要**。

一聽到機率是0.1％，你或許會覺得事不關己。

但是，在日本發生的各類事件、意外，發生的機率都比0.1％更低，就可以感受到0.1％這個數字的真實感。

人人都對「跟自己有關」的事物有興趣

如何讓大眾察覺那些事情看似離自己很遠，實則很近，這點很重要也很困難。

我稍微離題一下。福山雅治結婚時，許多節目都做過街頭訪問。許多女性受訪時都說：「打擊很大。」為什麼覺得打擊很大？

她們與福山雅治談戀愛或結婚的機率有0.1％，不對，或許更低，儘管如此，她們仍舊對此抱持一絲希望。

這種情況實在很了不起。**不管機率有多麼低，她們還是相信有可能發生**。

福山雅治的形象讓她們相信自己有機會，因此全日本的女性都為之瘋狂。

香取慎吾有個節目叫做《打擾ＭＡＰ！》[21]。

那個節目經常有個單元是來賓在一般大眾的婚宴上現身，帶來驚喜，或是聲援觀眾的特殊紀念日等。

《打擾ＭＡＰ！》向觀眾徵求他們的委託。

那些徵求，每個禮拜都會得到數量驚人的回應。

希望節目來參加婚禮、協助求婚、為朋友慶生等，不勝枚舉。

我出書並巡迴書店打書時，曾經遇上一件事。

有兩位小學生事先知道我會出現，便在那兒等我，交給我委託信，表示希望《打擾ＭＡＰ！》能夠在母親生日那天出現。

看到信的時候，我很高興《打擾ＭＡＰ！》給了觀眾「節目團隊或許有機會來我家」的暗示與希望。

就像《日本現在很危險！》企畫的宗旨，告訴大眾「潛在的危險」，這點很重要，也是電視才有能力辦到。

配合時代暗示觀眾「危險發生的機率」，正是企畫的關鍵。

check list !

□大眾產生興趣的背後是真實感在撐腰。

□讓民眾感受到這是切身問題，才能點燃企畫的熱度。

21 譯註：富士電視台由二〇一二年製播至今的節目。

新企畫 7

歌曲選拔綜藝《金錢之神》

過去每到週三，許多人都會上唱片行購買喜愛歌手的專輯。現在有想聽的歌，大家會下載，或是上串流網站聽歌，或上 YouTube。日本人與音樂的形式都有了大幅的改變。

然而，儘管大家聽音樂的方式有如此大的改變，電視上的音樂節目形式卻依然沒變。無心思變。

各家電視台在八〇年代、九〇年代，每週都會在黃金時段製播音樂節目。但是，即使大眾接觸音樂的方式逐漸改變，音樂節目卻無法跟著改變，反而逐漸減少。

這項企畫提出全新型態音樂節目的可能性。過去的音樂節目主角是歌手，而這個節目的主角是「歌曲」。

一言以蔽之就是甄選歌曲的節目。

Please imagine this!

首先在節目的開頭，一位歌手登場。無論他是專業或業餘人士，在電視上幾乎默默無聞。假設這位 A 是街頭藝人、沒什麼知名度的獨立歌手，無法單靠音樂維生，主要的收入來源是打工。這位 A 將在節目中表演一首自創曲。

那是他在歌手生涯最有自信的歌曲，但條件是這首歌必須從未以音源形式販售或公開發表。這位滯銷歌手 A 唱的這首歌，就是甄選的對象。

評審則由當紅偶像或音樂人擔任，每次五位（組）。這些當紅偶像和音樂人就是評審。

A 唱完歌之後，主持人問評審：「願意買下這首歌的人，請投票！」

希望把 A 唱的原創歌曲收錄在自己的專輯中發行的偶像、音樂人就投下自己的一票。

如果有評審願意，A 創作的歌曲就會成為投票評審的作品發行。

當做單曲發行？或是做成專輯？在投票的當下，A 是寫歌人，投票的評審發行該首歌曲時，A 就能獲得詞曲版稅。

期待賣座的獨立音樂人、對於詞曲創作有自信的素人們，為了讓已經紅透半邊天的偶像和音樂人買下自己的歌曲，就可透過這種方式上這個節目參加甄選。

有人想成為專業音樂人卻無法如願，只能靠打工維生，突然有機會將自己創作的歌曲提供給人氣偶像，或是透過知名音樂人的聲音發光發熱，更重要的是還有版稅收入。

這是透過音樂圓夢的全新形式節目。

另外也可以持續追蹤票選出來的歌曲在發行前的過程，拍攝成節目內容。

這個節目，在逐漸減少的音樂節目中，是可以帶來全新夢想的音樂綜藝秀。

企畫術

打造不自覺就「充滿期待」的形式

歌唱節目持續處於寒冬，只有「Music Station」仍在黃金時段努力閃耀，著實帥氣。

但是，我覺得今後若想製作新的歌唱節目，依照舊有的思維恐怕行不通。

一九八〇、九〇年代到二〇〇〇年代中期為止，觀眾對歌手的新歌很感興趣。在那個專輯銷量動輒一、兩百萬張的百萬歌手多如牛毛的年代，新歌本身就是觀眾想知道的資訊。

但是現在歌手在歌唱節目裡唱新歌，卻很少能引起觀眾興趣。反而一唱新歌，每分鐘的收視率就會逐漸下滑。這樣一來不僅無法出現暢銷金曲，新人歌手也沒有出頭的機會。

如果希望觀眾透過電視聽歌，除了眾所周知的金曲之外，還得想辦法挑起觀眾的興趣。因此才有這個《讓我唱你的歌》的企畫。

這個企畫關係到兩個期待，一是「這首歌或許有機會成為人氣偶像、歌手的新歌」，另一個則是夢想「這位新人或許能夠因為歌曲被買下而大賺一筆」。

懂得利用期待的企畫才有力量

引發期待的因素很多，具有莫大期待值的影音內容才有力量。

最簡單明瞭的例子就是運動。一般負責職棒現場轉播的都是無線電視台，而且收視率比以前差。

但是，一旦報導選手代表日本出國的比賽，或是日本有機會成為世界第一、觀

眾充滿「期待」的比賽，即使對棒球不感興趣的人也會看球賽。

我認為現在的選秀節目沒能夠大紅大紫，就是缺乏這種期待的緣故。

選秀節目《ASAYAN》[22]的導播高畑秀太當年找上我參與節目最後一年的製作。那段時期進行的單元是「男子美聲選拔」，曾經打造出男子雙人組合「化學超男子」（Chemistry），而這一年就是以男子美聲選拔賽為節目重心。「化學超男子」的出現後來引起風潮，觀眾只注意到結果。

若是看一般選秀節目，觀眾必須等待一年。但是，《ASAYAN》不斷推出「早安少女組」等怪獸級的偶像，有了成功的先例，因此觀眾對節目充滿「期待」。有「早安少女組」的先例，才會產生「期待」。

22 譯註：東京電視台一九九五～二〇〇二年製播的節目。台灣的國興衛視引進播出時名為《五花八門淺草橋》。節目曾經培養出「早安少女組」等知名歌手團體。

漫才的M-1大賽[23]電視收視率節節上升，也是因為出場參賽的搞笑組合往往能夠透過M-1大紅大紫。

準備多個導向期待的策略，效果更好

打造觀眾願意「收看」的動機很困難，不過**只要想想怎麼做才能讓觀眾產生「期待」，就會找到答案了**。

這個「歌曲選拔綜藝秀」如同前面提過的，包含了兩種期待；一是默默無聞歌手的歌曲也許有機會變成人氣歌手的新歌；另一個則是無名歌手或許有機會靠版稅過活。

像這樣多設定幾個「期待」，而不是只有一個就很重要。**畢竟大家都喜歡期待**。

check list !

□製作企畫時，首先要想想「怎麼做才能讓觀眾產生期待」。
□看見成功的先例，就會產生更大的期待。
□最好多準備幾個「期待」。

23 譯註：「漫才」是類似雙人對口相聲形式的説笑表演。「M-1大賽」是二〇〇一至二〇一〇年由資深主持人島田紳助策畫，日本知名藝能公司吉本興業主辦的漫才比賽，通常簡稱「M-1」。後來於二〇一五年重啟舉辦，也是日本最大的漫才賽事。

新企畫 8

上班族猜謎挑戰綜藝《名片遊戲》

身為上班族的各位，一年之中會收到幾張名片呢？一定有許多人收到無數名片吧。那麼，擁有諸多名片的你，能夠對上多少張名片主人的臉呢？客戶公司高階主管的長相與名字，你或許兜得起來，那麼他的下屬呢？下屬的下屬呢？而只見過一次面，卻熱情問候你並遞上名片的那個人呢？

假如有人叫你把從工作相關人士那兒拿到的名片當面還給對方，你能成功送還嗎？

這項企畫是造訪某家公司，請該公司經理級以上的管理階層進行挑戰的商務遊戲。

願意挑戰的公司，在節目錄影之前必須多次開會討論，由社長挑選參賽選手。

假設社長打算派出公司的 A 經理參賽，製作單位事前要從 A 經理的名片盒抽出五張名片。

Please imagine this!

節目的工作人員與主持人突然造訪該公司，社長現身，冷不防在眾人面前喊出Ａ經理的名字。而這個時間點已經開始錄影。

對於錄節目一無所知的Ａ經理很慌張，不曉得自己被叫出來究竟要做什麼。

這時在Ａ經理面前出現五個人。為了避免服裝成為提示，這五位男女只能穿規定的白色睡衣。他們當然不是該公司的員工，而是曾經給過Ａ經理名片的人。

此時，主持人將五張名片遞給Ａ經理。

「這五張名片是經過社長許可，從你桌上的名片盒裡偷偷抽出來的。在你面前的五個人，都是你在工作上曾經接觸並給過你名片的人。現在請把這些名片送還給名片原來的主人。你應該辦得到，對吧？」

從這裡開始就是名片遊戲。這五個人都是Ａ經理工作上遇過的人。

假設我們以電視台為例，出現的五人包括經常合作的製作公司的年輕員工、Ａ經理在導播時代開除的助理導播、年輕編劇、每個禮拜送便當到攝影棚的便當店老闆、經紀人。

Ａ經理究竟能否成功將長相與名字對上，把名片送還給主人？

全數成功送還的話，所有人都會很高興。如果弄錯的話，可就尷尬了。

這個遊戲的精采之處，在於一邊玩氣氛緊張的名片歸還遊戲，同時也會更了解公司的情況。

以電視台的例子來說，透過這個遊戲可以明白電視台與製作公司之間的關係、電視製作之間的勢力平衡、編劇與導播之間的關係。

將名片一一送還主人的過程，可看到便當店如果與電視台有簽約，每次錄節目會配送超過一百個便當等，這類意想不到的小細節。

當然，節目主軸是Ａ經理能否在社長和其他同事面前，歸還名片？成功的話，Ａ經理就是優秀的上班族；失敗的話，對於身為高階主管的Ａ經理來說，自然會覺得丟臉。

因此壓力更大。

順便補充一點，挑戰者全數答對的話，公司將會送他最想要的東西。

成也名片，敗也名片。從遊戲中看出人性與工作內容，這個猜謎大挑戰綜藝就是《名片遊戲》！

企畫術

以「共鳴」為後盾的方法

我在十年前想到這項企畫，並於當時製作出名為《名片遊戲》的小說和舞台劇，是我最想製作成綜藝節目的企畫之一。

我很不擅長記住別人的名字。

節目編劇必須進出許多電視台，因此會遇到許多人，可是每次頂多只在節目開播時交換名片，所以很難記住對方，再加上有了年紀，就更記不住人名了。

有一次，我在電視台走廊與幾年前共事的人擦肩而過。

對方笑著跟我說：「好久不見。」我卻想不起對方的名字。在那當下，我沒有叫對方的名字，只是一邊讓對方盡量說話，一邊搜尋記憶，企圖連結在一起。結果我沒有想出對方的名字，還是安然度過危機。

我和朋友在店裡喝酒時聊起這件事。朋友興奮地說：「沒錯沒錯！」還說：「與曾經共事的人久別重逢，想不起名字是『常有的事』。」

「共鳴」要謹慎使用

企畫的主幹有「共鳴」，較容易被接受。

因為觀眾會認同那個「共鳴」。

但是切勿採用許多節目都會使用的「共鳴」；既然其他節目也經常使用，在觀眾眼裡看來只會覺得似曾相識。觀眾是否產生「啊~我也經常遇到同樣情況！」的感覺很重要。

再者，**比起積極的「共鳴」，消極的「共鳴」更容易引發觀眾認同。**

消極的「共鳴」是指「失敗」或「危機」等狀況造成的「認同」。

想不起共事對象的名字也是一種危機，因此歸類為消極的「共鳴」。

觀眾看到「消極的共鳴」時，可以站在優越的立場。**讓觀眾處於較高的立場這點**

也很重要。

然後，在這個節目企畫裡，除了想不起共事對象的名字這種「共鳴」之外，還隱藏著另一個「共鳴」。

就是給名片者的心情。

不少人年輕時都經歷過——遞了名片給對方，對方卻不記得自己的名字，或是沒帶走名片。對方沒記住你的名字這種「常見的不甘心」，也是刺激觀眾情感的重點。

利用「遠」X「近」製造新鮮感

「工作上拿到的名片」加上「猜謎」，表示同時用上了「近」與「遠」的事物，這點也很重要。把各位有共鳴、覺得「常有」的近距離事物，與遠距離事物拉在一塊兒，就是「名片」×「猜謎」。

聽說某家法國餐廳，在套餐的最後會端出茶泡飯來。

知名法國餐廳卻有茶泡飯。「茶泡飯」這個離我們很近的事物出現在「法國餐聽」這種高水準的地方，形成反差，這就是「近」與「遠」的相乘效果。

富士電視台有個節目《Cocorico Miracle Type》[24]。

這個節目將觀眾的經驗談以短劇方式「重現」。現在以短劇重現的節目隨處可見，但可以確定的是，《Cocorico Miracle Type》是第一個使用「重現短劇」這個名稱的節目。

該節目由 Cocorico 這兩位擅長演戲的搞笑藝人，與演員、製作人開會討論短劇節目的可行性之後，決定以短劇方式重現觀眾的實際體驗。

當時有「重現」與「電視劇」結合成的「重現連續劇」，不過其他人卻認為「重

現」與「搞笑短劇」不適合摻在一起；因為短劇原本是現實生活不會發生的情況，取名為「重現短劇」的話，很多人會好奇到底哪些部分是真實情況，這類指責不斷上演。

但如果撇開不可能發生的「假設情況」，現實生活中還是有許多趣事，而他們決定以重現短劇的方式呈現。

這種情況下，「重現」的內容對於觀眾來說就會引起「共鳴」，是近距離的事物。但是「搞笑短劇」則是遠距離的事物。因此「重現短劇」事實上就是近距離與遠距離相乘的作品。

近距離的事物乘以近距離的事物，也會產生似曾相識的感覺；遠距離事物彼此相乘，或許會產生新東西，不過觀眾很可能不買單。

因此，**找出「近」與「遠」的兩個事物相乘，就是關鍵**。

[24] 譯註：二〇〇一～二〇〇七年的日本節目，由 Cocorico 主持。Cocorico 是由遠藤章造與田中直樹組成的搞笑二人組。他們主持的節目之中，台灣觀眾較熟悉的大概就是國興衛視引進播出的《黃金傳說》。

check list !

□「共鳴」是企畫的最大助力。

□「不曾看過的」、「消極的」共鳴更能夠引發認同。

□「近」X「遠」就是製造新鮮感最有效的技巧。

新企畫 9

爆笑戀愛綜藝《阿宅談戀愛》[25]

電視圈每隔一段時間就會出現熱門的戀愛綜藝節目。但是，戀愛節目的最大缺點就是「對戀愛有興趣與沒興趣的兩派人馬壁壘分明」。女性就很喜歡這類節目，相反地，男性多半對戀愛節目沒興趣。

現在無論是什麼節目，如果沒有囊括某些程度（不見得可以派上用場）的資訊，鮮少有觀眾會感興趣。即使自以為打造出有趣的戀愛節目，光是戀愛的樣子很有趣，也不足以吸引男性觀眾、成為大熱門。

25 譯註：這項企畫目前已經製作成同名節目，並於二〇一六年七月起在朝日電視台的ＢＳ衛星頻道播放。主持人為搞笑女藝人渡邊直美。

因此這個《阿宅談戀愛》就是除了吸引女性觀眾之外，也能吸引男性觀眾青睞，不只看到戀愛的過程，也能得到許多資訊的全新戀愛綜藝節目。

那麼，《阿宅談戀愛》是什麼樣的節目呢？

一言以蔽之，就是「某種相同類型阿宅彼此談戀愛的節目」。

擁有同樣價值觀的阿宅們，容易與彼此陷入愛河。網友聚會遇見的人通常臭味相投，因為價值觀多半一致，因此很容易戀愛甚至結婚。

光是擁有相同興趣，就不會只是被長相迷惑，而會被性格吸引，感覺很真實。

舉例來說，全球有許多車迷（汽車宅），假設這些男女特別喜歡其中的跑車。

Please imagine this!

熱愛跑車的五名男性與五名女性，在第一個會場「橫濱港」集合。他們當然是開著自己最自豪的私家車前來。這裡是建立第一印象。

問問他們對彼此的第一印象如何？畢竟他們是死忠的跑車迷，因此比起外表，他們應該對於彼此開來的車子有更強烈的好惡。

接著眾人前往附近的咖啡店，開始自由時間。男女一起聊天。一般的戀愛節目固定會在這個階段安排自由時間，觀眾通常只會看到男女陷入愛河的樣子，不過車迷們反而熱中聊跑車，而且對話相當專業冷門。

在電視上播出時，可以為這些車迷的對話加上註解字幕。透過這種方式，觀眾自然而然能夠吸收車迷的資訊。

不過這些參加者終究是阿宅，因此後製時要利用阿宅對於車子的愛來逗笑觀眾（不是瞧不起阿宅，而是要以充滿愛的方式安排）。

這裡最大的重點是，觀賞一般戀愛節目時，對於參加者的「外型好不好看？可不可愛？」等看法很重要。但是這個《阿宅談戀愛》則是因為阿宅「對於跑車的堅持」，以及對於要不要談「戀愛」舉棋不定，因此登場人物的角色特性就會帶來樂趣，也能夠讓男性觀眾好奇觀看。

照理說，長相最漂亮的女人應該有最多追求者，卻因為對於跑車的意見不同而不受到男性青睞。最醜的男人反而因為對跑車的癡狂，引起所有女性參加者的興趣，於是節目有可能發生一般戀愛中不會出現的「逆轉」情況。

第一回合的自由時間結束，一週後再進行第二次集合。十個人都要到場，集合地點是車迷的聖地，或是愛車人聚集的餐廳。

第二次集合時，參加者已經各有各的發展，觀眾也更進一步了解這些阿宅的特性。第二次集會結束之後，每個人分別在眾人面前發表現階段喜歡的對象。

接著在一週後進行最後一次集合。第三次的聚會，因為每個人才剛在一週前當著眾人面前公開自己的心情，因此自由時間應該會顯得很尷尬；或許還有男性或女性為了自己喜歡的對象，連愛車都換了。有可能會產生這麼戲劇性的情節。

第三次的集會結束後，大家開車回家。十個人全都有攝影機貼身採訪。

到了規定的表白時間，所有男性參加者發送 LINE 訊息到製作單位傳給女性參加者的智慧型手機。收到表白的女性，以 LINE 回覆該名男性。

究竟能否配對成功？除此之外，參加者對於汽車的心情、男方對於女方的心情、女方對於男方的心情又是如何？

他的心意能否成功甩尾停進她的心裡呢？節目結合了參加者對於汽車的驕傲及戀愛的心情。

能夠微笑站在終點線的阿宅是誰？

這就是《阿宅談戀愛》的「跑車宅」篇。

它還有各式各樣的阿宅，每一集都能看到不同阿宅談戀愛的模樣。

包括：

男女ＡＫＢ宅。

男女電車宅。

男女藝術宅。

男女嗜肉宅（愛吃肉的人）。

男女網路宅。

每次集合各類型的宅男和宅女，賭上阿宅的尊嚴，為戀愛奮戰。

引人發噱又有些正面意義，還能讓人心跳加速，這就是《阿宅談戀愛》。

熱門企畫必然存在著「即時」

以結果來看，觀眾看電視希望看到的是「即時」，或許也不限於電視，觀眾想了解「即時」，想感受「即時」。

因此，**如何讓觀眾看到「即時」很重要**。

就算介紹現在流行的事物，等到變成電視節目形式播放時，對觀眾來說早已不是「即時」的東西了。

觀眾在我們這些做節目的人想像不到的地方看到「即時」。

我認識的女性曾說，她每次都很期待某位綜藝節目固定班底的打扮。從那位固定班底的打扮雖然可以看到「即時」的潮流，但是老實說沒有工作人員注意到這點。

因此要如何讓觀眾看到「即時」，著實困難。

「即時」在哪裡？

這個《阿宅談戀愛》是透過讓某個領域的阿宅談戀愛的形式，提供觀眾看到許多難以從雜誌或綜合資訊節目等得到的「即時」。

朝日電視台有個節目《模擬綜藝秀——要試試嗎！》[26]。

其中有個企畫單元「居酒屋大排名」[27]很受歡迎，內容是來賓要猜出居酒屋或家庭餐廳等的人氣菜單前十名。這個節目首次播出是在二〇〇八年。

而我想出這個單元的契機，是因為我與打造「東京女孩時裝秀」[28]的O社長認識。

我與O社長是在O社長的公司茁壯之前、員工只有五名時就認識。我們每隔幾個月就會聚餐吃飯閒聊。

26 譯註：在日本播出的期間是二〇〇八～二〇一五年。

27 譯註：這個超人氣單元在節目停播之後獨立成不定期播出的特別節目，並於二〇一六年十月起更名為《居酒屋大排名 SUNDAY》與《居酒屋大排名 SUNDAY PLUS》定時播出。

28 譯註：Tokyo Girls Collection，簡稱 TGC，二〇〇五年起一年舉辦兩場，由知名藝人、模特兒穿著日本眾多服飾品牌走伸展台的時尚秀，用意在對外國招商及發送流行情報，也獲得日本政府支持。

我們聊的話題多半是「電視圈目前是這樣」或「時尚界現在是這樣」等不是很重要的話題。

當時，二〇〇八年，O社長做了一項調查：「年輕人晚上不看電視，都在做什麼呢？」

他要我猜猜調查結果第一名是什麼？我說：「上網。」

結果O社長語帶諷刺地說：「電視圈的人總是立刻就把問題推給網路。」

他接著說：「正確答案是與朋友在居酒屋喝酒聊天。」

當時和民、白木屋等連鎖居酒屋剛開始流行。有些店內裝潢走時尚風格，有些是中午就開門營業；總之那段時期業者改變菜單，把居酒屋變成女性、家庭客也方便上門光顧的地方。

這項結論提醒了我「居酒屋都知道發揮巧思創造新潮流，電視圈卻沒有改變」。我感到很不甘心。

因此，那一天，在《要試試嗎！》的節目會議上，我說：「聽說現在居酒屋正流行。」大家稍微笑了笑。畢竟當時的居酒屋風潮還沒有席捲到雜誌或電視上，還沒有人製作介紹特輯。

我說：「我們來做居酒屋的企畫，看看是否真的正流行吧。」

於是我們以居酒屋做為企畫的舞台，而且是「這一集介紹白木屋」、「另一集介紹和民」，每一集換一家居酒屋進行採訪。

在此之前，電視台報導居酒屋都是走馬看花，不像我們「這一集介紹和民」一樣，以居酒屋本身當作主角，一整個小時的節目都在報導這家店。

假如居酒屋風潮真的來臨，只要出現某家店的菜單，觀眾就會有「共鳴」與「即時」的感覺。

因此這項單元企畫成立了。年輕編劇們提出「猜出該居酒屋前十名的料理」的簡單企畫。十分簡單。

簡單的企畫反而要設限

但是，即使是過於簡單的企畫，**只要乘上「預設的限制」，同樣能夠展現原創性**。

加上「端出來的東西全部都要試吃」、「沒有全數猜中之前不准回家」這些小限制，企畫就完成了。

如果我沒有對於O社長的一番話感到不甘心，也就不會出現「居酒屋大排名」這個單元了。

我認為這個企畫就是要讓觀眾看到當時的「即時」。

非同業的一番話，正是抓住「即時」的意外機會

那次經驗對我的影響很大，從此以後，我開始積極與電視圈之外的人來往交談。

跟同事吃飯喝酒很愉快。與初次見面的人聚餐比較耗費心力。

但我希望自己今後也能認識不太有機會共事的其他行業人士，與他們培養交情，一起吃飯，進而找到自己想像不到的「即時」。

今後的「即時」就隱藏在出乎意料的地方，我認為很難察覺，必須積極與形形色色的人士聊天才能夠發現。

check list !

- □讓觀眾看到別人尚未發現的「即時」，企畫才會成功。
- □希望簡單的企畫有新意，最有效的方法是「即時 X 設限」。
- □跟平常不曾交談的人積極對話，就是找尋靈感的根本。

新企畫 10

電視劇《EYE PHONE～腦中有WiFi的男人》

這是電視劇的企畫。

假如你的腦子裡埋有WiFi，能夠看見周遭智慧型手機使用者的LINE或電子郵件等，會是怎樣的情況？是幸還是不幸呢？

Please imagine this!

細部一徹（男，三十五歲）在大型汽車製造公司企畫部工作，已婚，卻總是投入工作，彷彿只為了公司而活。

他一心想升官，踩著同事往上爬；上司要他往右，就算他想往左，還是會乖乖往右；上司指鹿為馬他也不會反駁，這就是他的生存方式。因為他的個性如此，自然不會受到部屬喜愛，大家都覺得他冷酷無情。

某天，一徹被公司社長找去，指派他一項極機密的業務訂單，就是某位科學家發明的最先進技術「EYE PHONE」。

使用方式是在腦中埋入 WiFi，當周遭其他人使用個人電腦或智慧型手機連上 WiFi 時，就能捕捉並看到他們的一切行動，這就是「EYE PHONE」。

也就是說，在公司透過 WiFi 上網使用 LINE、電子郵件等，都會連到這位變成「EYE PHONE」男人的腦袋，因此當他人傳送 LINE 或電子郵件，他都知道。他就是「EYE PHONE」。

事實上這家公司最近遭其他公司竊取研發機密。為了找出犯人，社長要求他在腦裡埋入 WiFi，變成 EYE PHONE。

在自己的腦子埋入 WiFi，即使是一徹，對於必須改造自己身體的要求還是會排斥，但這是社長的請託；社長也說如果成功，考慮升他官。於是他同意成為 EYE PHONE。

接受手術之後，一徹成為 EYE PHONE，可以靠自己的想法開啟 WiFi 開關。

他與科學家約定在公司以外的地方絕對不能啟動開關。如果在街上開啟，會有大量資訊一口氣湧入腦袋，大腦無法負荷就會壞掉。

在公司打開大腦開關，公司裡的 LINE、電子郵件資訊一下子全都連到自己腦袋，他的眼睛可以看到那些訊息並判斷內容。

從那天起，一徹漸漸知道公司內部意想不到的狀況；哪些人正在談辦公室戀情，哪些人正在搞不倫，誰與誰不合，還有課長喜歡或討厭哪些部屬。

他逐漸了解公司內部的人際關係。他獲得的資訊全都變成數據資料保存，必須每天向社長報告那些資料。

在這個過程中，一徹也得知自己不想知道的情報，也就是部屬非常討厭他。部屬認為他是公司的狗，沒心沒肺的人。他傾心的那位年輕女孩甚至還發送輕蔑他的 LINE 給同事。

看樣子大家比他想的更討厭他。

直到某天，女同事坂下仁美（二十八歲）工作時與男友傳的 LINE 被 EYE PHONE 捕捉到。

仁美收到男友傳來的 LINE 訊息，對方提出分手。仁美回傳給男友，說：「那我活著也沒有意義。我要去死。」

一徹捕捉到這條衝擊性的訊息。在此之前他對於公司部屬的戀情一點興趣也沒有，卻因為收到「我要去死」的 LINE 訊息，無法置之不理。

下班後，他跟蹤仁美。仁美去了身心科看診，拿了安眠藥，又去另一家身心科看診，取得安眠藥。她成功收集到大量安眠藥。一徹心想，必須阻止她。

仁美回家前先去了一趟酒吧。那是她之前經常與男友一起光顧的酒吧。她獨自回憶過往，潸然淚下。一徹佯裝偶然在那兒遇到她；他在公司不曾與仁美講過話，不過他還是主動上前攀談。他也從沒好好稱讚過下屬，卻稱讚了仁美，說她很擅長整理文件，辦公桌很整潔，很懂得使用釘書機的訣竅等等，試圖讓她轉念。一徹不停回想，連細微瑣事也不放過，把仁美稱讚了一番。

最後他說：「我不知道妳為什麼哭，但就是因為傷心，才更應該繼續努力，期待工作上有好事發生。」

一徹從未對屬下說過這種話。仁美聽了一徹這番出乎意料的話，笑著說：「真不像是你會說的話。」

隔天，仁美來上班，發了一則 LINE 訊息給前男友，被一徹的 EYE PHONE 捕捉到了。

內容寫著：「昨天寫給你的 LINE 只是開玩笑。我不是那種糾纏不休的女人。祝你幸福。」一徹放心了。接著仁美對一徹說：「你今天的領帶很好看。」還說：「謝謝你昨天的稱讚，我會努力工作當作回報。」

多虧一徹，仁美能夠積極向前了。

之前對屬下不感興趣的一徹感到有點高興。此時他的 EYE PHONE 又捕捉到其他屬下的煩惱……

原本是公司討厭鬼的一徹，開始與屬下、周遭其他人有了交流，漸漸變得有人性。

然後，他的妻子……好像有外遇。一徹原本交待不可在公司以外的地方啟動 EYE PHONE，卻為了揭穿妻子的不倫而啟動了……

企畫術

企畫的九成取決於名稱

這項企畫最重要的，與其說是內容，應該說是「EYE PHONE」這個名稱。

無論商品或電視節目，「取名」都很重要。最理想的名稱聽過一遍就不會忘記。

這個「EYE PHONE」聽來很像是眾所周知的「iPhone」，如果名稱不叫「EYE PHONE」，這個企畫就無法成立。叫「WiFi男」也行，但氣勢上就是弱了點。

取名成就企畫。有更多成功的例子都是靠著名稱取勝。

我出過一本隨筆書《無法不注視醜女》，寫的是我婚後與妻子[29]的日常生活。很慶幸的是這本書還改拍成電視劇。

[29] 譯註：作者的妻子是日本搞笑女藝人三人組「森三中」的大島美幸。

結婚前，我就在《POPEYE》雜誌上寫隨筆短文。

當時我寫過自己的成長故事，標題取名為〈鈴木彌輪店物語〉。因為我老家開的腳踏車行店名就是「鈴木彌輪店」。

取名的原則是「負面 X 正面」

但是，婚後我寫的是與妻子的生活，因此我決定改變標題名稱，靈光一閃想到《無法不注視醜女》，這是模仿各位都知道的知名英文歌曲《無法不注視著你》（Can't Take My Eyes Off You），當時還遭到該書編輯反對；編輯認為「醜女」這個字眼太過強烈；也因為編輯是女性，所以更介意。

但是這本書的內容很正面，總之就是夫妻倆曬恩愛的隨筆內容，全是些快樂的文章，所以我認為書名必須帶點破壞力。

「醜女」是負面詞彙，而「無法不注視」是正面意義。

「負面×負面」只會惹人厭，「正面×正面」則到處可見。**「負面×正面」的話，如果結果看來正面，就能帶給觀者衝擊。**

找到讓人想取暱稱的名稱

企畫的取名還有一點必須注意，就是自己是否想要使用。

現在這個規矩幾乎已經不存在，過去一般認為，縮寫成四個字的電視節目名稱比較容易紅。

《SMA-SMA》[30]是如此，《亂可行的！》[31]亦然。

順帶一提，我認為《無法不注視醜女》可以省略成《注視醜女》，也是選擇這個名稱的重點。

30 譯註：《SMAP X SMAP》的縮寫。

31 譯註：全名是《亂可行一把的！瞧我們有多酷！》，富士電視台製播的節目，從一九九六年開播至今。

可以省略成暱稱，日常生活就會方便使用，也會讓人想要用。

朝日電視台的《拜託排行榜》節目中，有個「小改造，大料理」的單元。內容是每次挑選一項食品，再找尋只要加上一點就會變好吃的食材進行「小改造」，這也是《拜託排行榜》的招牌單元。現在仍然有「小〇〇」的商品，二〇一五年更流行起「小酌」風潮[32]。

名稱能否「小改造」很重要，**取名時必須注意，大眾在日常生活喝酒聚餐等場合，會不會不自覺就說出這個名稱？能不能透過一點小改變就讓人不經意使用？**當然這也大多受到運氣與時機的影響，不過正如前面提過，許多商品在取名時就已經註定成功。商品名稱影響商品甚鉅。

味道只有七十分但名稱絕妙的泡麵，與名稱普通但味道一百分的泡麵相比，能夠賣出更多的，我想應該是名稱絕妙的泡麵。

寫電視劇或電影劇本時，角色的名字也很重要。我往往不自覺就會用上朋友或前女友的名字等。

撰寫電影《航海王電影：Z》的劇本時，大魔王前海軍上將Z的名字就讓我煩惱許久。

《航海王》的作者尾田榮一郎老師要我想個聽來很強的敵人名字。在《航海王》漫畫中出現的敵人名字總是很有衝擊性。青雉、赤犬、黃猿、黑鬍子。

其中一位工作人員說：「名字裡加入顏色和動物名，比較有衝擊性。」不過我還是提議叫 Z。只要被 Z 盯上就逃不掉，所以就叫 Z。

從 A 開始被追到走投無路，所以叫做 Z。電影裡當然沒有這些說明，只叫他「Z」。然後當尾田老師將電影的副標題定為「FILM Z」[33]，我覺得連背脊都暢通了起來。

名稱必須比內容更有內涵，這點非常重要。

32 譯註：日本餐飲業為了外食人口萎縮所採行的對策，包括蓋飯連鎖店吉野家、家庭餐廳等皆開始在晚上提供酒精飲料與下酒菜，期待吸引客人上門。吉野家的這項服務稱為「吉吞」。

33 譯註：這部電影的原名是《ONE PIECE FILM Z》。

check list !

□取名的企畫必須超越內容。

□負面詞彙 X 正面詞彙＝衝擊性。

□流行語是不自覺就想小改造的詞彙。

第3章

不是天才也能變身點子王的方法

吸收資訊的方式與他人相同，就無法生出新點子。吸收資訊的質與量同樣重要。資訊的品質會在你意想不到的地方降低。

新企畫 11

電視劇《驚奇APP》

這是多人創作形式的連續劇企畫，每集長度約十五～三十分鐘。一提到多人創作形式的連續劇，一般人馬上會想到《世界奇妙物語》[34]，卻想不出其他的多人創作連續劇。

因此，這項企畫是一切都從智慧型手機的APP開始的科幻或奇幻連續劇。每集故事的開始，都是主角的手機自動出現現實生活不可能存在、如果有的話該有多好的APP。

主角一使用該APP，人生就會改變。主角接下來仍會一帆風順嗎？還是會吃到苦頭？觀眾看戲時可以一邊幻想：「如果真有這種APP的話該有多好？」一邊樂在其中，而且當中還有小小的教育意義，整齣電視劇大概就是這種感覺。

這既是全新的《世界奇妙物語》，也是《黑色推銷員》[35]，更是《哆啦A夢》。

以下具體介紹幾個「驚奇APP」的例子。

・壞話搜尋APP

樋口（三十五歲）在公司擔任課長職務，他最為人所知的就是喜歡拍上司馬屁。樋口有次在智慧型手機上看到一個陌生的APP，名叫「壞話搜尋」。他不記得下載過這個程式。打開一看，上頭寫道：「這是驚奇APP公司為您開發的應用程式。如果確定使用，請勿對人提起這個APP。一旦說出，APP就會消失。如果不需要這個APP，請逕

34 譯註：日本富士電視台從一九九年播出至今的招牌節目。台灣的國興衛視播出時名為《午夜怪談》。

35 譯註：漫畫家藤子A不二雄的黑色幽默作品，曾經改編成動畫與電視劇。台灣的國興衛視曾經播出。內容講述一個整天面帶笑容、身穿黑西裝的怪大叔喪黑福造遊走日本各地。他可以看穿人們心中的欲望和想法，幫助他人實現夢寐以求的願望，但如果貪心違背了與大叔的約定，他就會制裁貪婪成性的傢伙。

行刪除。」接著他看了「壞話搜尋」APP的使用方式，明白這個APP可以找出所有跟自己有關的壞話，便姑且一試，輸入自己的名字，畫面上立刻出現哪一天、幾點幾分、在公司哪裡、誰說了什麼壞話。樋口一一確認那些內容。

那些壞話超乎他的想像。「原來我在他們眼裡是這個樣子。」樋口希望能夠減少被說壞話的機會，於是這個過去總是奉承上司的男人逐漸改變，說他壞話的人也減少了。但是，上「壞話搜尋」一看，屬下說的壞話雖然減少，卻變成上司開始說起他的壞話。

要繼續諂媚上司，取回信任？還是贏得屬下對他的好感？樋口陷入左右為難。

・溫柔優惠券APP

單身粉領族清美（四十歲）錯過結婚的時機。二十幾歲時在公司也曾經有不少追求者，現在卻一個也沒有。某天清美的智慧型手機冒出一個APP。

那個APP叫「溫柔優惠券」。優惠券上列出許多公司及交遊圈的人名。「這是什麼？」清美心想，按下比自己年紀小的男性職員淺井的名字。只見淺井走過來對清美說：「妳累了吧？我幫妳捏捏肩膀。」就開始按摩清美的肩膀，對她釋放溫柔。是的，這就是

「溫柔優惠券」的功用，只要按下名單上的人名，對方就會對她釋出小小的溫柔。鮮少被這樣溫柔對待的清美很開心。這時清美接到五年前甩了她的前男友久違的電話，說想見面。

結果清美與那位前男友復合了。一開始感覺還不錯，久而久之越來越常吵架……於是，清美按下智慧型手機裡「溫柔優惠券」上他的名字。

清美煩惱剛開始交往時的溫柔，是否也是優惠券的緣故。但只要兩人一吵架，清美就會不由按下優惠券的按鈕，而男友隔天就會道歉，溫柔對待清美。

清美一直以為這是「溫柔優惠券」的功勞，其實……

・網購特務「Yabazon」APP

年輕男職員田中每天都在喜歡濫用權力的上司身邊工作。一天，他的智慧型手機冒出一個陌生APP，名稱類似「Amazon」，叫做「Yabazon」。這個APP可以告訴田中，公司同事及朋友在 Amazon 或其他購物平台買過哪些東西，例如：秀出「上司山野還買了這個」的所有購物清單。

上司山野平常給人爽朗印象，卻在網路上買了與他形象不符的A片。

田中因此得知上司山野意想不到的一面，覺得自己掌握了某些優勢。田中在「Yabazon」上調查其他同事的購物紀錄。有的上司老是在買威而剛，有的上司不停購買生髮水，有的女上司買過出乎意料的偶像商品。從這些購物紀錄可以窺見他們驚奇的另一面。

過程中，田中發現自己從大學開始交往的女友真紀變得很少聯絡，於是用「Yabazon」查看真紀的購物紀錄，結果……

・閱男筆記APP

現年二十五歲的理惠成功跳槽進入大公司工作。她希望能在公司交到男朋友進而結婚。一天，她的智慧型手機裡冒出一個陌生APP「閱男筆記」。

就像網路食記一樣，上頭以五顆星標示公司男士的評價，還有詳細的個性、性愛喜好、存款數目等所有內容。理惠對於自己的外貌頗有自信，找她吃飯的邀約也不少，每次她總會先看看「閱男筆記」，再決定是否赴約。這天，「閱男筆記」中分數最高的男士約她一起吃飯……

・食欲攻擊ＡＰＰ

模特兒直美力行減肥，因為她一吃就胖。身邊的模特兒友人個個都很瘦，直美心有不甘。這時，她的智慧型手機出現一個ＡＰＰ「食欲攻擊」。

這個ＡＰＰ可讓她的朋友產生食欲。直美和纖瘦的朋友亞由美一起參加聯誼，亞由美卻刻意吃得很少，直美便打開「食欲攻擊」ＡＰＰ。

首先把擺在面前的馬鈴薯燉肉拍成照片，接著就像在玩遊戲一樣，用手指把馬鈴薯燉肉的照片拉向亞由美，亞由美就會突然食欲大增，狂吃馬鈴薯燉肉。只要面前有食物，就能夠利用這個ＡＰＰ讓人對那道菜產生食欲。

直美使用這個ＡＰＰ讓女性友人紛紛變胖。

這段期間，直美成為雜誌模特兒選秀活動的最後兩強，她的對手是人氣讀者模特兒小優，而且直美的男友曾被小優搶走，因此這次的競賽絕對不能輸。於是直美找小優一起吃飯，並且打開「食欲攻擊」ＡＰＰ……

企畫術

多看不符合個人喜好的電影

經常有人問我：「你是怎麼想出企畫的？」我通常都是某天靈光乍現，所以很難解釋自己是如何辦到的。

不過，那些靈感多半是在我觀賞一點也不有趣的事物時突然出現。

不管是電影也好，舞台劇也罷，有趣的內容只會吸引觀眾專注。

但是觀賞無趣的電影、舞台劇或現場表演時，反而無法專心。

於是眼前出現的詞彙或狀況等，就會突然啟動腦袋裡的搜尋引擎，讓我想到跟眼前所見完全不同的企畫。

因此，**為了工作需要而不得不觀看那些無趣的表演時，別忘了偷偷帶上記事本，方便記下那些冷不防出現的靈感。**

當然有時也有不抱期待去看表演、卻發現意外有趣的情況。

話說回來，前面我提到搜尋引擎，天才通常無須太多努力就能湧現各種靈感，不過我不是那種人。

我從事這份工作的第一年，前輩給我的建議就是「去看電影」。

我發現我工作的圈子有許多影迷，他們都具備一些電影知識，就像電腦內建 Word 或 Excel 軟體那樣基本。

我很愛看電影，但在我上大學前，都是住在沒有電影院也沒租片店的鄉下，一個月頂多只有一次機會去很遠的地方看電影。或者只能等待電視播出。

來到東京，儘管我拚命瘋狂看電影，與旁人的電影知識相比還是相去甚遠。

看過一定數量的電影，就會派上用場

這位前輩的一句話，讓我決定看更多電影，包括錄影帶在內，一年看了超過三百六十五部片。

剛開始看的時候，電影還無法為我帶來什麼靈感。

然而，大概在我持續看了三年吧，一個曾在電影裡看過的場景突然掠過我的腦海，成為我構思企畫的契機。

從此，電影的某個畫面總會浮現我的腦海。

為什麼？

我覺得應該是看過許多電影之後，腦袋變成搜尋引擎的資料庫了。

因為看了三年電影，累積了一定程度的資料。

因此，只要在搜尋欄鍵入關鍵字，就能找出類似的企畫。

想將自己的腦袋變成厲害的搜尋引擎，必須先裝入資訊，裝入一定程度的資料，否則輸入關鍵字搜尋也找不到東西。

聽從別人的喜好選片

接著是看電影時的重點。

自己選片的話，只會選出符合自身興趣的電影。因此，你可以問問旁人最愛的電影前三名，然後看看那些片。

如此一來，一定會有人介紹你絕對不看的電影，當中存在有趣的元素，你也可因此拓展興趣。

然後，更重要的是你就可以與對方暢談。總之好處多到數也數不完。

藉由這種方式**觀賞自己不會選來看的電影，藉此拓展興趣，可說是把資訊裝進腦中搜尋引擎的重要步驟**。

雜誌是取得守備範圍以外知識的最佳工具

順便補充一點，我看很多雜誌。

現在看雜誌的人應該愈來愈少了吧？大家多半是透過ＡＰＰ整理的新聞來吸收資訊。

但是在網路上看新聞，你最終只會選擇自己想看的東西。

相反地，一翻開雜誌，就算是自己不感興趣的資訊也會被看到。

接著停止吸收。**如何捕捉個人守備範圍之外的事物十分重要。**將這些累積在大腦的搜尋引擎裡，就能幫助你靈光乍現。

這個《驚奇ＡＰＰ》也是在我構思「有沒有什麼有趣的ＡＰＰ呢？」時，腦子裡的搜尋引擎找出的設定、情境、靈感片段。

我認為把自己的大腦變成厲害的搜尋引擎，就算不是天才也能靠後天努力成功得到靈感。

check list !

□資訊超過一定的數量，腦子的搜尋引擎功能就會啟動。

□按照他人的喜好而非自己的喜好挑選電影。

□平常無法取得的資訊可從雜誌獲得。

新企畫 12

對決綜藝《右撇子VS左撇子》

阿根廷足球明星梅西（Lionel Andrés "Leo" Messi）和葡萄牙球星C羅（Cristiano Ronaldo dos Santos Aveiro）經常爭奪世界第一。英國媒體認為左撇子的梅西與右撇子的C羅慣用腳應該不同，因此公布了一份由梅西率領的左撇子球隊和C羅率領的右撇子球隊的十一人現役球員名單。

這場足球賽雖然沒有實際舉辦，仍在全球足球迷之間引發話題，也因而延伸出諸多想像。

全球當然是右撇子人口居多，但也存在著各式各樣關於左撇子的流言傳說，像是達文西是左撇子、左撇子多天才等。

在右撇子眼裡，左撇子多半是天才，而右撇子不是；而以左撇子的立場來看，或許會對左撇子有諸多好處和傳言而高興吧。

因此這個節目很單純，就是讓各領域的「右撇子VS左撇子」進行對決，一分高下。

右撇子的人會替右撇子加油，左撇子的則支持左撇子，就跟血型相同一樣單純，觀眾較容易對於有相同慣用手的人產生移情作用。

然後在各式各樣的對決中，也插入右撇子和左撇子的相關科學新知。或是加入過去既有的各式數據。

比起男性VS女性更容易帶動觀眾情緒，不禁想替參賽者加油，《右撇子VS左撇子》就是這樣的綜藝節目。

Please imagine this!

以下舉幾個右撇子VS左撇子的範例。

★右撇子東大畢業生VS左撇子東大畢業生的頭腦對決

在頭腦對決中勝出的，究竟是右撇子還是左撇子？除了知識猜謎外，還有「依樣畫葫蘆」等挑戰。誰比較聰明？誰的腦袋比較懂得因應變化？是右撇子？還是左撇子？

★右撇子藝術家VS左撇子藝術家的繪畫對決

五位右撇子藝術家和五位左撇子藝術家採用五人接力的方式完成一幅畫，哪一隊能夠畫出完美作品？是右撇子還是左撇子？

右撇子藝術家與左撇子藝術家、慣用手是右手或左手，這點會影響到繪畫的靈感嗎？節目中也會介紹從過去天才藝術家的畫作獲得的數據資料。

★右撇子廚師VS左撇子廚師的料理對決

五位右撇子廚師與五位左撇子廚師按照指定題目做菜，以一對一對決的方式進行。勝出的是右撇子還是左撇子？節目中也會介紹右撇子廚師和左撇子廚師分別有哪些習慣？在日本料理、義大利菜、中菜裡，哪個領域的左撇子較多？節目會做這類主題。

★右撇子棒球VS左撇子棒球

全是右撇子選手與全是左撇子選手的兩支球隊對決棒球。節目中也將介紹過去知名選手的右撇子、左撇子資料。

★右撇子律師VS左撇子律師

分別邀請右撇子律師和左撇子律師到攝影棚，兩邊各五人，輪番進行即興說謊對決。究竟擅長說謊的是右撇子還是左撇子？

此外還有各式各樣的挑戰可變成右撇子VS左撇子的對決。透過這種方式，可替原本已經老掉牙的哏，增添截然不同的氣氛。

這就是《右撇子VS左撇子》。對於我一直把「右撇子」擺在前面而不舒服的你，該不會是「左撇子」吧？

聊天的對象最好是「平常沒有往來的人」

這個企畫的緣起是足球的右撇子VS左撇子十一人名單。

我不是在書上或網路得知這件事，而是在喝酒聚餐時，從朋友那兒聽來。當然聽完我也上網查過。告訴我這件事的朋友不是電視圈的人，而是還沒走紅的年輕搞笑藝人。

最重要的資訊來源是「人」

我的資訊來源包括電視、電影、書籍、網路等各式各樣的途徑，但**其中最重要的**

還是從「別人」那兒聽來的內容。

我不太與同個圈子工作的人喝酒吃飯。

反而積極與工作上沒有交集的人交流。**認識自己圈子以外的人，才能取得許多生活中無法得到的資訊。**

二〇一一年，我的小說《搞笑藝人交換日記》出版，包含文庫版在內一共賣了十九萬冊，成為日本暢銷書，並由小南＆小內二人組的內村先生執導，在二〇一三年翻拍成電影《我們的交換日記》。

內容講述入行十年、有實力卻不紅的搞笑二人組，突然開始寫起交換日記。日記裡寫著觀眾不認識的兩位搞笑藝人沒能走紅的各種感受與想法。

我十九歲開始從事節目編劇工作，三十歲那一年，當了多年搞笑藝人的高中學弟八代主動找我，說：「我們好久沒見，要不要去喝一杯？」於是我們一起去喝酒。

跟工作不相干的人聊天，正是找到新企畫靈感的好機會

之前，我沒什麼機會跟自己圈子（類似行業）的人去喝酒。當了十年節目編劇之後，我心想：「是時候改變自己了！」便答應他的邀約。

八代介紹了許多他的搞笑藝人夥伴給我認識。他們已有不算短的演藝資歷，卻始終沒有走紅。於是我開始經常跟他們一起喝酒。

跟當紅搞笑藝人去喝酒，多半都是聊工作。但是與這些尚未走紅的搞笑藝人喝酒，非但不會提到工作話題，更重要的是他們會告訴我許多我不知道的世界。

我的最大收穫就是了解沒沒無聞搞笑藝人的心情。

每天為了成名而掙扎前進的姿態很有趣，有時也會寂寞、悲傷。

跟他們一起喝了幾年酒後，一天，我突然有個想法。

是不是可以把他們不紅卻想盡辦法希望走紅、但又不順利的心情寫成故事？

過去也出現過一些不紅搞笑藝人的故事。可是，有些事情只有與他們持續對話好幾年、收集了眾多不紅搞笑藝人真實「現況」的我，才寫得出來，不是嗎？

再者，我寫下那些故事，也是對身邊那些不走紅的搞笑藝人，另一種形式的支

持。

什麼可以成為企畫的起點？不知道

書出版一陣子後，一位不紅的搞笑藝人跟我說：「對你來說，凡事都是題材吧。」「你經常與沒沒無聞的我們一起喝酒，聽過我們許多毫無意義的抱怨，卻能把那些東西寫成一本書。我也開始覺得自己的人生沒有派不上用場的廢棄物了。」

我三十歲時接受高中學弟八代的邀約，開始與不紅的搞笑藝人喝酒，直到現在仍是如此。

然後，也因為這個契機，我能夠走進自己不曾涉獵的領域。**遇到工作上絕不會有交集的人，反而讓我更想聽他們說話，與他們積極交換聯絡方式**。

我認為看電影、看書也是重要的吸收資訊管道，不過那些都比不上真真實實與人交流有趣。

對今天偶然認識的某個人產生興趣，有了交流，就能聽到上網搜尋也不會曉得的事情。

並且可以經常獲得網路上忽略的資訊。

我認為**珍惜每個邂逅，鼓起一點點勇氣邁步向前**，才是提升個人經驗值，以及擴大情報圈最有效的辦法。

check list !

□實際與人見面說話，勝過任何資訊來源。

□與不同領域的人交流，更能帶來意想不到的好點子。

第 4 章

利用逆向思考想出熱門企畫

完美控制「懸念」、
「負面情緒」，
就能催生出熱門企畫。

新企畫 13

手機遊戲APP《Chef♥Love～我會讓你成為一流》

這個戀愛模擬遊戲是智慧型手機APP的企畫，也就是與餐廳年輕主廚談戀愛的遊戲。

玩家設定為餐飲界頗具影響力的部落客。你光顧各式各樣的餐廳，然後把感想發表在部落格。

遊戲從玩家去十位年輕型男主廚開的餐廳吃飯開始。義大利菜、中菜、日本料理、披薩店、拉麵店，每家餐廳的老闆兼主廚都是年輕型男。玩家一開始必須先決定「目的地」，也就是決定想與哪一位主廚談戀愛。

玩家身為美食部落客，吃過主廚做的菜之後，必須在部落格寫感想或是給主廚建議，加深彼此的關係，並與其中一人墜入愛河。

遊戲中每天會以排行榜的方式發表這十家餐廳的營業額，一個月內連續墊底的餐廳就會歇業，從遊戲裡消失，因此玩家必須設法替自己愛上的主廚打氣、提供建議，或是自掏腰包買優質食材給他；與主廚談戀愛也會讓主廚工作更有幹勁。

這就是與主廚談戀愛的戀愛模擬遊戲。除了單純談戀愛之外，玩家在遊戲裡寫的（虛構）部落格內容將會影響餐廳來客數的增減，改變排行榜。玩家可以一邊談戀愛，一邊培養餐廳與主廚。

這個戀愛手機遊戲就是《Chef ♥ Love》

不過，或許有人會說：「這種戀愛手機遊戲很常見啊！」接下來才是這款手機遊戲的重頭戲！

Please imagine this!

與玩家談戀愛的主廚，真的會送料理到你家。

在玩家的生日、兩人的紀念日、主廚拿下第一名等時候，主廚會替玩家製作（虛構）

專屬料理，當作禮物送到你家。

藉由在家中實際品嘗那些菜色，遊戲的世界與現實生活的世界有了連結，更有種活在遊戲世界的錯覺。

在這款遊戲出現的其他餐廳料理，也可以花錢購買，並且以禮物的方式送到你家。還可以安排在不同季節有不同的期間限定料理。

這款手機遊戲不僅能與主廚談戀愛，還可實際嘗到那些料理。

遊戲與網購美食或許可以結合成為一種全新的娛樂！

企畫術

娛樂最不需要客氣

對於日本人來說，智慧型手機現在已經成為僅次於衣食住之後不可或缺的東西，而透過智慧型手機提供的服務也愈來愈多元，APP與手機遊戲過度開發，因此想要脫穎而出、受人矚目十分困難。

Cyber Agent公司製作的遊戲中，有一款叫《我親愛的牛郎》。當時日系功能型手機的使用者很多，這款手機遊戲非常熱門，後來也出了智慧型手機版本。《我親愛的牛郎》這款遊戲的電視版在朝日電視台的深夜時段播出，由我負責製作。

遊戲設定在歌舞伎町[36]有個虛構的牛郎俱樂部，玩家要製作該店的紀錄片，因此電視上播出的連續劇是紀錄片風格。

儘管播出時間在半夜兩點，收視率依舊表現亮眼，官方 YouTube 頻道單集的觀看次數就超過一百萬次。

當時遊戲與電視劇串連，遊戲中的牛郎排名實際上也與電視劇連動，遊戲裡排名吊車尾的牛郎在電視劇裡只待三個月就會被開除。

也就是說，遊戲玩家影響著電視劇的發展。

遊戲結果將會左右電視劇，這一點儘管因為有時效性而很辛苦，以結論來看，我認為自己創造出一種全新型態、觀眾不只是看，還能夠參與的電視劇。

後來，《我親愛的牛郎》改編成舞台劇，我擔任總製作人，由愛貝克思集團（Avex Group，舊譯「艾迴」）製作，第三集在二〇一六年一月推出。

觀眾也能參與其中，同享喜怒哀樂

我覺得這種時候，如果故事目的只是為了欣賞型男牛郎，一點也不有趣，因此打造了全新的系統。

首先，買票的人可以得到與票價等值的「愛」，在觀賞舞台劇之前，可以利用智慧型手機把那些「愛」分配給喜歡的牛郎（演員）。

舞台劇當天可在會場購買周邊商品，周邊商品上也附有「愛」。在第一幕的休息時間之前進行投票，並在第二幕發表獲得「愛」的牛郎排行榜。

第一名的牛郎可以在故事最後飾演主角，唱歌時可以站在中央的位子。也就是說客人的「愛」將會改變每天的故事發展。

這樣一來不僅是客人，演員也會每天都提心吊膽；第一名很可能被意想不到的黑馬奪走，或者是一心以為能夠拿到第一的人卻根本拿不到。這樣的結果也會讓觀眾與演員又叫又跳。

而且投票最多「愛」的觀眾在演出結束後，可安排與演員兩人單獨聊天。

不只觀賞，還能參與。一個遊戲延伸出各式各樣的發展。

有人會說這只是廉價的多媒體，但我在設計這樣的架構時，認為**致勝關鍵就在於「能夠撼動參與者的情感」**。

36 譯註：位在日本東京都新宿區，餐飲店、娛樂場所、電影院等林立，也是日本少數的大型紅燈區之一。

太客氣只會讓企畫顯得不上不下

當手機遊戲裡的結果影響到電視劇的走向時，有人反映「開除」演員太殘忍。觀眾為了取得「愛」，必須購買戲票與各式各樣周邊商品，也有人擔心這樣好嗎？

但是，參與者對於這些情況樂在其中，因此如果製作節目時還顧慮到那些的話，只會把企畫搞得不上不下。

構思企畫時能拋開一點點罪惡感，就可寫出前所未有的有趣作品。

無需事事都牽扯道德問題，先想想怎麼做才能大幅影響參與者的情感，我認為這才是APP和手機遊戲的關鍵。

check list !

□構思出不只觀看，還能參與其中的系統。

□拋開客套與道德，專注在能替參與者的情感帶來多大的影響。

□前所未有的樂趣來自豁出去的企畫。

新企畫 14

實況轉播電視劇《重來》

這是三十分鐘電視連續劇的企畫。

一集十五分鐘的電視劇，一次播出兩集，而且兩集都是同樣內容，差別只在於後面那一集的戲裡加入「實況轉播」。

最近有部連續劇在副聲道加入一點樂趣而引爆話題。日本TBS電視台的日劇《銜尾蛇》[37]以「幕後花絮」的方式，由演員利用副聲道隨片解說演出實況，觀眾可以用一般方式觀賞連續劇，也可以轉到副聲道，一邊聽演員聊幕後花絮一邊觀賞。這個做法在網路上引起廣泛討論。

一邊聽著副聲道的隨片解說一邊觀賞日劇，現在這種做法蔚為流行，我提出這項企畫。

而且不是只在副聲道隨劇解說，還要在正常播映的劇中加入隨片解說，也不是由演員或工作人員「正經八百」解說，而是由「劇中角色」擔綱。

Please imagine this!

這天的連續劇標題是〈明明喜歡，儘管喜歡〉。

這是從大一開始交往的正浩與美里兩人的故事。他們在咖啡廳氣氛凝重地談話。美里主動提出分手。兩人現在是大學四年級。

美里的工作已經有著落，正浩則還沒有確定，因此他十分焦慮。正浩自暴自棄說：「大學一畢業就去工作未免太沒出息。」「我決定大學畢業後去旅行找尋自己。」正浩無法看著美里的眼睛。他們的感情曾經那麼美好。

兩人是在大學的電影社認識。正浩擔任導演，拍攝的短片由美里演出，還得過獎，大

37 譯註：台灣的緯來日本台播出時取名為《無間雙龍》。

學生活過得很愜意。他曾經相信未來一片光明。

正浩熱愛電影，希望從事相關工作，應徵了幾家電影公司，卻都沒被錄取。美里則獲得她最想進入的公司錄用。兩人的關係因此有了變化。

美里在那家咖啡廳提出分手。她泣訴自己原本是那麼喜歡正浩追逐夢想的樣子，現在正浩卻對逐夢的人嗤之以鼻。

正浩這時才驚覺自己變成了自己最討厭的那種人。

美里說：「我曾經那麼愛你，再這樣繼續下去，我會開始恨你。我不希望去恨自己曾經那麼愛的人，所以我想和你分手。」正浩點頭，並且與她約定：「我會試著繼續找電影相關工作，不會放棄。」

正浩拿出 iPhone，拍下美里的眼淚，說：「剛才的場景是這個故事的開端。我與妳的結束就是另一個開始。再見。」說完，他離開。畫面到此結束。

十五分鐘的短劇到這裡播出完畢。

接下來後半段要再播一次相同的內容，只不過加上隨片解說。

進行隨片解說的，是偶然來到這家咖啡廳、遭美里劈腿分手的前男友昌平。十五分鐘的短劇加上被劈腿的前男友昌平的隨片解說，這段十五分鐘的短劇看來就成了截然不同的故事。

首先，昌平說：「美里要分手時，一定會選在這家咖啡廳。」從這裡逐漸揭穿看似純情的美里的真面目。

畫面來到大學社團的場景，昌平說：「這段時期，美里其實也和跟她演對手戲的演員交往。」然後是校慶的場景，他又說：「這天，在這之後，她是和我去約會了。還帶著那份炒麵來。」

到了分手的畫面，昌平說：「她最自豪的就是明明不悲傷也有辦法擠出眼淚。」或說：「你看，她剛剛收到 LINE 訊息了吧？那是她待會約好要見面的男人傳來的。」

在美里那番熱切的發言之後，昌平說：「她也對我說過一樣的話。」

最後，美里站起身，腳上穿著可愛的靴子。昌平說：「正浩與我碰巧買了同樣的耶誕禮物，就是那雙靴子。美里好像賣掉了其中一雙。這雙……是我買的吧。」說到這裡結束。

就像這樣，每次一開始先看十五分鐘的短劇，也許是十五分鐘的戀愛短劇，或是解決工作問題及父女之間的故事。

這十五分鐘一定會帶給觀眾小小的感動或心動。

後半的十五分鐘則是由這部短劇主角身旁的其他人進行隨片解說，像是前男友、前女友、外遇對象、借錢給主角的朋友等。

透過隨片解說，原本感動的電視劇，再看一遍就變成搞笑劇了。

這就是全新的電視劇《重來》。

企畫術

刻意製造「懸念」

這個《重來》令人充滿「懸念」對吧？

「懸念」包括「念念不忘」和「反覆到厭煩」這兩種意涵。企畫太刻意時，有人會覺得好奇，有人則是感到厭煩。

不論是節目也好，商品也好，任何東西都好，「懸念」都很重要。

「懸念」可以正面解釋為「念念不忘」，負面的意思則是「惹人煩」。

「惹人煩」好過「沒印象」

惹人煩或許不好，但我認為這樣總比「毫無印象、不厭煩」來得好。創作時，能夠打造出這種「懸念」很重要。

全球潮流從功能型手機轉為智慧型手機時，Cyber Agent 公司一口氣推出了許多智慧型手機服務，並舉辦「Ameba 智慧型手機」活動。

藤田晉社長在那些服務啟動前，曾經找我談「Ameba 智慧型手機」活動的工作。主要是電視廣告。這攸關成敗，因此社長跟我說，就算要砸錢請大咖藝人也在所不惜。

我思考了許多，想出由 Cyber Agent 女性職員擔綱演出的電視廣告。

之前我接過多次 Cyber Agent 的工作，包括電視節目企畫等，一直覺得這家公司有許多優秀的女職員，而且不少人二十幾歲就當上製作人。要是在電視圈，得當五～六年助理導播，才有機會晉升導播，到那時也近三十歲了。

可是在 Cyber Agent，大學畢業兩年的女性也能靠實力讓企畫過關，成為製作人。當時雜誌甚至還做特輯報導 Cyber Agent 的美女職員。

於是我沒有請大咖藝人，我提出的企畫是讓智慧型手機服務部門的女性製作人出現在大量廣告中，藤田社長也同意我這充滿冒險精神的點子。

電視廣告中，女製作人以輕鬆的態度介紹自己的智慧型手機服務。

女員工出現在大量的電視廣告裡，就足以令人「念念不忘」；這些女員工提出的問題、營造的氣氛等，也更刻意製造「念念不忘」的感覺。

念念不忘與厭煩只有一線之隔。有趣與討厭也是一線之隔。

假設有一半惹人厭，只要觀眾覺得剩下的一半有趣，就能帶來很大的影響力。

然後，這個電視廣告也刻意寫出這些女性的年齡。

二十幾歲的製作人，會讓人憧憬。這是為了讓女高中生或女大學生認為畢業後不久，二十幾歲就能當上製作人，而有「我也想進入Cyber Agent」的念頭。這麼做是為了讓她們產生這種想法。

電視廣告完成後大量播放。不出我所料，許多人產生「懸念」。有人念念不忘，有人覺得有趣，也有些人很厭惡。我認為廣告很成功。

創作遠離惹人厭的境界，只會變得毫無特色。

排除「預定和諧理論」[38]

還有一個例子，我不確定以「惹人厭」形容是否恰當，就是全能藝人笑福亭鶴瓶在TBS電視台的《A-Studio》節目。每一集的節目最後，都是鶴瓶先生獨自一人在聚光燈的照射下談談當天的來賓。最後這段個人獨白，是我提出的點子。

也有人認為這段最後的獨白「沒有必要」。

我明白他們為何這麼說。

不過，如果沒有這段獨白，情況會是如何呢？

也許節目看來會毫無特色。因為有了最後那段獨白，才顯得更有「懸念」。更重要的是，來上節目的來賓多半也因為有了這段獨白，而「心情暢快」。

以節目的基本原則來說，我認為比起觀眾，首先讓當天出席的來賓「心情愉快」很重要。發自內心的感受一定會透過畫面傳送出去。

所以我認為應該正視「懸念」。

check list !

□擬定「惹人厭」企畫是必要之惡。

□排除「打安全牌」與「預定和諧理論」，才能誕生出色的企畫。

38 譯註：十七世紀哲學家萊布尼茲（Gottfried Wilhelm Leibniz）的理論，認為上帝在創造世界之初，已預定了整個宇宙的和諧。

新企畫 15

家庭教育綜藝《我打小孩的時候》

各位從前有沒有被父母親打過？如果有的話，被打的原因是什麼？去一趟書店就會看到滿坑滿谷的育兒書，一打開網頁就會湧入大量教育相關資訊。育兒、教育相關知識的書籍眾多，但我最想知道的，都是這類書上沒寫的、精神方面的教育論。

特別是不責罵、不准他人責罵小孩的家長愈來愈多。而對自己的責罵行為煩惱不已的家長應該也變多了。

坊間也有討論責罵方法、生氣訣竅的書，不過我想各位應該已經發現，那些書都沒有正確答案。

因此，這個節目《我打小孩時》探討的是家長煩惱的孩童教育問題，讓當爸爸的藝人看看怎麼「責罵」才是上策。

對小孩發脾氣、責罵孩子，甚至打小孩，即使是基於愛而做出上述行為，大家往往還是認為那是體罰或家庭暴力。

但是，事實上有不少家長都曾基於愛而責罵小孩、打小孩。

因此，這個節目從某個角度來說，就是以教養裡最難以啟齒的「打小孩」為主軸，從「責罵方式」探討父親、育兒、親子面面觀。

我曾問有著慈父形象的藝人S先生：「你打過小孩嗎？」他的小孩已上國中。一聽到我的問題，他很驚訝，旋即幽幽道出：「孩子上國中後，我打過一次。」原因是逃家。逃家不是直接的原因，而是孩子返家後，與一直擔心他的媽媽說話態度囂張，做父親的他無法原諒孩子才會動手。

另一位也是作家的知名男藝人也跟著說他曾在兒子小學時打過他兩次；一次是兒子罵媽媽「白痴」，一次是不理會紅綠燈、穿越馬路差點被車撞。

然後，被問起這些事，他竟開始說起平常不太聊的教養經、爸爸經，也談起自己成長的環境。

Please imagine this!

攝影棚裡請來五位孩子已是高中生以上的男藝人擔任「教練」角色，還有五位孩子是小學以下的男藝人擔任「學員」角色。

節目主持人問教練爸爸們打過幾次小孩。

首先公布次數。A：「兩次。」B：「一次。」C：「兩次。」

接著，教練爸爸拿出折線圖，那是「責罵表」。

圖表上有孩子的年紀，以及責罵的時機、責罵的程度（最大值為100）。然後在打過孩子的地方，標上☆記號。

從這兒開始聊下去。當時為什麼責罵孩子？為什麼演變成打孩子？

責罵與毆打都有的成因。接著則是與孩子縮短距離的故事。

這個節目聊「打孩子」這難以啟齒的話題，還能聽到後來家人之間愛的故事。

這就是從育兒書、教養書無法得知的，真正家庭教育綜藝節目《我打小孩的時候》。

企畫術

攻擊弱點

人的弱點正是集客魅力之所在

難以告訴別人或難以詢問別人的事，理所當然會引起他人的興趣。

像是第一次性經驗、薪水等，就算你原本不感興趣，這時有人在你面前提到，你也會開始好奇。

人生中，**難以對人啟齒、不想被問到的事都隱含重大的提示**。

如何取捨很重要。

我小學六年級時曾被父親打過一次。

那是一個夏天的夜晚，我和朋友一起去海邊看煙火。結果父親很擔心，騎著摩托車找來。現在回想起來，我很感謝他擔心我，不過當時小學六年級的我只覺得自己的爸爸因為擔心跑來找人很丟臉，便對父親說：「你回去啦！」

我回到家，父親以我不曾看過的表情把我罵了一頓，叫我跪下，在我臉上打了一巴掌。那是唯一一次父親賞我耳光。

我現在當了爸爸，看著兒子，心想，將來有一天，我也會遇上必須打這孩子巴掌的時候吧。

當我開始意識到自己當上父親，便問周遭已為人父的藝人朋友：

「你有沒有打過孩子？」

一開始大家都愣住，但話匣子一開就停不下來。這樣一問，才看到這些人平常身為父親、不為人知的一面。

沒有人會主動提起打小孩的事吧？如果有人說得很自豪，那傢伙一定有問題。

不管是出於愛或秉持正義，打小孩應該都難以啟齒。但是，一旦開始聊起，就會顯露出平常看不見的表情。

最後皆大歡喜是企畫的關鍵

這裡最重要的關鍵就是，**這種事情不是「自己想主動告訴別人的事」，但說著說著卻因為其中存在個人的正義與愛，因此變得滔滔不絕**。

比方說，如果被問到第一次性經驗的年紀、現在的年收入等問題，你會嚇一跳，一旦開口吐實，接下來只會覺得不快，因為事實上這只是單純爆料而已。

相較之下，「打小孩的話題」重點在當中的正義與愛，因此說出來之後，多半會感覺心情暢快。

從結果來看，觀眾能夠聽到過去不曾聽過的內容，參與的來賓也覺得心情舒暢，這很重要。**起點看來雖然負面，終點卻很正面**。

起初看來有毒，吃下去試試才發現那不是毒，而是維他命。

自己難以啟齒、無法告訴別人的事一旦說出口，心情就會很暢快。

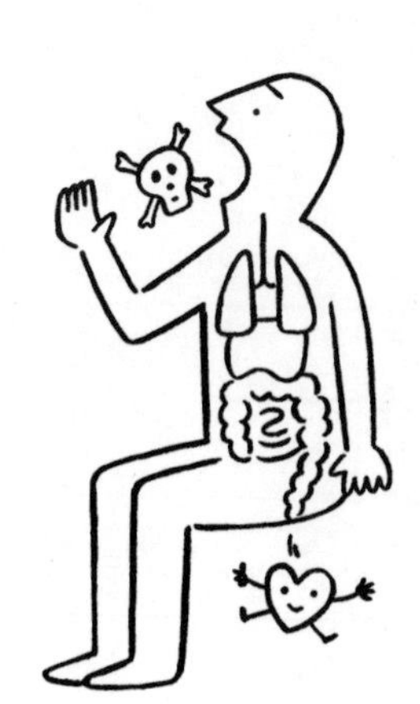

人「嫉妒的瞬間」很有意思

我在描寫電視圈軼事的隨筆書《電視的眼淚》裡，建議讀者寫「嫉妒年表」。把你人生中曾經嫉妒的人寫成年表。

我以前就很愛問創作者：「在你們的人生中，曾經嫉妒過哪些人？」他們當然不會告訴我「討厭誰」，說完也不會開心，但是儘管不太想告訴別人「曾經嫉妒誰」，一旦開始聊起「當時為什麼嫉妒對方？」就會察覺其中的個人喜好，進而滔滔不絕。

跟朋友或上司聚餐時，請試著問問：

「你現在最嫉妒的人是誰？」

這個時候最重要的是先說出自己嫉妒的人。這麼一來對方也會像在對初戀情人表白一樣侃侃而談，展露出人意表的一面，氣氛也會變得熱絡。

這就是——起頭雖是負面，結尾卻很正面。

順便補充一點，我一直想做與「嫉妒」有關的綜藝節目，結果在二〇一五年底，有人做了公布一流人士過去嫉妒過誰的節目（笑）。

行。

這次經驗告訴我，不是只有我會想到好點子，所以只要一有想法就應該立即執行。

check list !

□人人想要掩飾的祕密，就是充滿吸引力的節目題材。

□最後讓大家都開心，才是這項企畫的重點。

新企畫 16

要不要來一場這樣的旅行？《忍者之旅！找到得一萬》

旅遊節目在電視圈已經做到沒新意，而這個企畫就是我想到的全新型態節目。每次由一位藝人打扮成忍者，前往知名景點旅行，然而這個節目與其他旅遊節目最大的不同，就是在於旅人不可以被看見。

不光是藝人身分不能被發現，也絕對不能被看見、不能被人瞧見。過去一定沒有這種旅遊節目。

參與挑戰的藝人如果在旅遊目的地被人看見，必須自掏腰包支付一萬日圓（約新台幣三千元）。這就是忍者之旅。

有忍者出沒，這個節目也會受到外國人青睞吧。

Please imagine this!

一位藝人接獲指令：「前往京都的觀光景點旅遊，但是不可被人發現。」這位藝人領到一套忍者裝。「不被人發現」是指不可以被人看見，也就是不能出現在他人的視線範圍之內。畢竟忍者不應該被發現。

指令中規定忍者必須前往三處指定地點拍照。

這次忍者之旅的舞台是京都。指定地點是以下三處：

1 拿手機在清水寺的清水舞台擺出帥氣姿勢拍照。

2 拿手機拍下宇治絕美的櫻花。

3 拿手機拍攝京都神祕的佛像。

而這三處景點皆有嚴格規定，不得在夜間進入。

挑戰的藝人事前必須徹底調查這三個地點分別在哪個時段沒有觀光客。

首先，前往1的清水寺。挑戰的藝人搭乘工作人員駕駛的車子前往，在附近下車後，遊戲就此展開。

清晨六點，清水寺的太陽剛升起。挑戰者看準沒人的地方進入，像忍者一樣躲躲藏藏，避免被三三兩兩路過的人看見，時而奔跑，時而滑行躲藏，跑到能看見清水舞台全貌的地方。

被人看見或是被發現的話，就得當場自掏腰包支付一萬日圓。

遊戲規則是，當自掏腰包的金額達到十萬日圓的上限時，旅行就強制結束。

能夠設法不被人看見，找到可看見清水舞台的地點，並用手機拍下照片，第一個任務就成功了。

第二個任務是宇治的櫻花。挑戰者跑在了無人煙的山區，走過不成路的山路，抵達人氣賞櫻景點，躲在遠離人群的林子裡拍下櫻花，任務就算成功。

第三個任務是，日本國內有幾間寺院是沒有住持的「無住寺」。前往無住寺找尋有佛像的地方，在不被人看到的情況下，拍下神祕的無住寺佛像照片。

每完成一項任務，挑戰的藝人就能得到京都奢華美食等當做獎勵。三個任務都完成的話，就能獲得獎金。

這個旅行的有趣之處在於，為了遵守「不被人發現」、「不被人看見」的規定，挑戰者必須先調查這些人氣景點無人出沒的時間。對於觀眾來說，他們也可以因此得知各旅遊景點人潮不壅塞的時段，即使在人山人海的賞櫻季節，也能透過這種介紹方式知道人煙稀少的賞櫻景點，或是鮮為人知的神祕無住寺資訊。

當個不可被人看見的忍者出發旅行，可介紹其他旅遊節目沒介紹過的資訊，還能保持遊戲的緊張氣氛。

北陸新幹線[39]開通之後，要不要去人氣鼎盛的金澤進行一趟忍者之旅？或是選在夏季來一趟北海道忍者之旅？不然，人氣溫泉地的忍者之旅如何？

在旅遊節目已趨飽和之際，這個《忍者之旅》企畫，或許正好提供全新的方向。

[39] 譯註：全線起點在東京，終點在大阪，行經長野、富山、金澤，目前正在興建金澤至敦賀的路段，敦賀到大阪這段尚在規畫中。

企畫術

如何替熟悉的景物增添感動？

不夠壯闊才更添戲劇性。注意小細節就能找到浪漫。

這個《忍者之旅》是利用不可以被人看見的規定製造戲劇性。

我從朝日電視台的《黃金傳說》[40]開播之初就參與製作。

節目內容是搞笑藝人與演出者全力進行各種挑戰，當中我最喜歡的是我自己提出的兩個企畫。

一個是「靠母雞下蛋生活的男人」，另一個是「追逐櫻花前線的男人」。

藉由戲劇效果增加熟悉景物的新鮮感

首先是「靠母雞下蛋生活的男人」，這個企畫是把 Cocorico 二人組的田中與母雞關在一個房間裡，只吃母雞下的雞蛋生活一週。

這個企畫的條件很嚴苛，而且設定很荒唐，不過田中與母雞之間產生各種戲劇張力，觀眾看過之後，都想對日常生活常吃的雞蛋表示感謝。我不知道自己為什麼想出這個企畫，總之靈感就像母雞生蛋一樣乍現。

接著是「追逐櫻花前線的男人」。這個企畫是讓菜鳥搞笑藝人從九州開始，踩著腳踏車跟著櫻花前線縱貫日本。

展現櫻花之美的企畫很多，騎腳踏車追櫻花前線這個企畫乍看之下很蠢，我卻認為可從較宏觀的角度欣賞日本。

兩者都是在司空見慣的事物上增加戲劇效果。

「母雞生蛋」人人都知道，但每天期待著生蛋的瞬間，這就是戲劇效果。

40 譯註：在日本播出期間是一九九八～二〇一六年九月。目前由台灣的國興衛視引進播出。

「櫻花前線」一到春天就變成電視新聞經常聽到的詞彙，但是要追著它跑就增添戲劇效果。

平常看在眼裡的事物一旦多了戲劇效果就會變得浪漫，因此我才想到換個角度，增加平常看慣事物的戲劇效果。

每天使用的廁所呢？免治馬桶座呢？各位住家附近盛開的花朵？景色呢？今天午餐吃的飯糰呢？

你打算從什麼角度替這些事物增添戲劇效果呢？

一邊旅行一邊尋找想要說給別人聽的話題

既然難得有機會企畫旅遊節目，這裡聊個題外話。

我喜歡到處旅行，不論是帶著妻子同行，還是獨自一人也好。埃及、祕魯馬丘比丘、非洲、泰國長頸族的村落（都是我的私人行程）、墨西哥的馬雅遺跡或以色列。

我曾經因為想看英國大英博物館的春季畫展，去了一趟三天一夜的英國之旅。

不過我沒有去過夏威夷。大家都說我去的話，一定會迷上那裡。

或許真會如此，但我始終提不起興趣。

如果目的是想要放鬆，待在日本也可以。既然出國旅行，那麼我想要多點刺激。或許到了五十歲，我的想法會改變，但我對於大家都愛去的一般景點不太感興趣。

我認為旅行是「去了之後樂在其中，找到值得向人傾訴的話題，去那種地方才是旅行」。因此去夏威夷，我想回來也沒什麼值得告訴他人的話題吧。

總覺得這一點跟電視很像；去夏威夷旅行很難拍出精采節目，祕境反而比較容易操作。

也有人問我：「你這樣旅行，不累嗎？」一點也不。

因為旅行回來，告訴他人那些經歷，可再次體驗旅行過程，也是另一種樂趣。

check list !

□在隨處可見的事物上添加戲劇效果，可製造意想不到的感動。

□嘗試一邊生活一邊尋找想告訴他人的軼事插曲吧。

新企畫 17

今晚你就是編輯部！《繼續或取消？角色的存廢由你決定》

八、九〇年代，日本電視圈有許多搞笑藝人在攝影棚當場想出搞笑短劇表演節目，因此誕生許多人氣角色，也引起風潮或變成流行語，甚至造成CD與周邊商品熱銷。

到了二〇一〇年代，電視台雖仍製作短劇節目，卻沒有哪個節目能在無線電視台的黃金時段創下驚人收視率。結果就變成只做好笑短劇，但也不像從前那樣有大量觀眾觀賞，尤其是黃金時段。

因此這個企畫是請觀眾當「編輯部」，看完搞笑藝人在攝影棚錄製的情境喜劇後評分。所謂的「編輯部」，簡單來說就是電視台決定一個節目是否繼續播出或者確定腰斬的部門。節目的收視率持續下滑的話，編輯部就會開會決定是否停播。

而這個企畫的節目預設為現場直播。每一集請五～八組搞笑藝人事先錄製情境喜劇，在節目裡播放。

這些喜劇，不只是搞笑藝人想出來的笑點，而是與電視台工作人員共同腦力激盪，寫出劇本，打造角色，在攝影棚搭建布景拍攝而成。

內容限定為「有機會爆紅的情境喜劇」，也可以是「讓人有共鳴」的角色，或是絕對不可能存在的科幻角色。這個部分允許自由發揮。

一齣短劇的播出時間規定在四分鐘以內。

Please imagine this!

假設人氣搞笑藝人A想出來的情境喜劇是由「院巢太夫與津痛子」[41]這對情侶演出。院巢太夫看待事情都是積極正面且快樂，津痛子則都抱持負面態度，酸言酸語。這對將IG和推特擬人化的情侶，每次在路上看到東西（像是開在路邊的花等）就會拍照，卻因為積

41 譯註：兩人的發音同「IG男與推特女」。IG是人氣手機APP「Instagram」的簡稱。

極與消極的看法而意見不合吵架……這就是短劇內容。

這齣短劇以現場直播方式播出。播完之後，主持人對觀眾說：「好了，各位編輯部成員！請用您手邊遙控器上的D鍵做出表決！如果各位希望繼續看到這對角色的短劇，請選藍色，如果認為不適合繼續，請選紅色。」由觀眾在現場直播的節目中做出血淋淋的判決。

過半數選擇「繼續」的話，這齣情境喜劇就可以繼續播出。

但是，如果最終出現「取消」判決，短劇僅此一週就腰斬。

就像這樣，觀眾不僅可以欣賞搞笑藝人的情境喜劇，還能站在編輯部的立場，決定節目去留。

待在電視台攝影棚裡的搞笑藝人不是評審，觀眾才有資格決定。

只要取得「繼續播出」的資格，短劇就可播出，播出的次數愈多就帶來更多人氣！

這個節目最有看頭的地方就是角色的周邊效益。

召集銷售各類商品的相關人士集合在攝影棚裡——這也是用來確定角色是否還有機會繼續的判斷關鍵——主持人說：「攝影棚內的各位產品代言決策者，如果你希望由這個喜劇角色代言貴公司的產品，請按鈕。」

願意讓該喜劇角色代言自家公司產品的人，可在這時候提出申請。

現場集結的產品種類包括模型、便利商店便當、服飾、書籍、零食包裝、APP等，種類繁多。

接獲申請的角色也有了商機，製作單位還可以追蹤報導角色商品化的過程。

這項企畫是替現在幾乎已經不在黃金時段播出的喜劇節目提供不同的觀賞方式，告訴觀眾喜劇的有趣之處。

企畫術

準備兩種以上的觀賞角度

一個節目能夠提供幾種類型的觀賞角度十分重要。

看到灰色的東西，有的人看來是白色，也有人看到黑色。

這個《今晚你就是編輯部！「繼續或取消？角色的存廢由你決定」》企畫，可讓觀眾純粹看喜劇，也可以站在評審的角度，或是深入了解角色代言商品的過程，至少提供了三種觀賞角度。

既然喜劇無法單靠一種觀賞角度在黃金時段存活，就要想辦法增加其他觀賞角度。

朝日電視台的《Q大王！》[42]節目是搞笑藝人使出渾身解數挑戰各式各樣難題，並由攝影棚內的來賓根據他們的情況猜謎。

然而，這個節目改到黃金時段之後，收視率卻不見起色，最後乾脆變成不出外景的猜謎節目。

我隱約記得節目內容是每個主題有十個題目，由坐在圓桌前的來賓回答。這是朝日電視台工作人員歷經數百個小時的模擬之後，琢磨出來的精采企畫。

最初挑戰猜謎的不是以聰明見長的藝人，而是腦袋差的藝人，因為當時《QUIZ! HEXAGON》[43]大熱門，於是開始流行起腦袋不靈光的藝人。

因此朝日電視台也跟著打造「笨角色」，卻始終沒有引起流行。

節目播出幾週之後，現在仍經常上節目那個人站出來說話了：

「觀眾看這種形式的猜謎節目，無非想看聰明人解題的過程，而不是看笨蛋吧？」

「看到答題者每次都答不出來、遇到瓶頸，觀眾也會感到焦慮。」

42 譯註：日本的播出期間是二〇〇四年至今。過去JET日本台播出時名為《阿Q猜謎王》。JET日本台於二〇一〇年起更名為「JET綜合台」。

43 譯註：富士電視台於二〇〇三～二〇〇五年製播的節目。

聽了他這番話，我們二話不說變更單元走向，改由聰明藝人挑戰猜謎，同時也改變謎題。

笨藝人答得出來的問題，觀眾也不會放在眼裡。

原本簡單到觀眾會說：「這種問題也答不出來？」的謎題，換成聰明藝人上節目，就改成困難的問題，這麼一來也會有觀眾因為題目太難而答不出來。

但是這樣變動的結果，卻提升了收視率。

提供兩種觀看方式，接受的觀眾群更廣

聰明藝人挑戰猜謎，使得這個節目有兩種觀看方式。

一是看聰明藝人面對高難度問題時能夠解答的優越感。

另一個是觀眾也許完全看不懂題目，但還是可以欣賞答對藝人的菁英姿態，就像在看一場精采的表演。

我認為能夠提供這兩種觀看方式，節目就會被更多人接受。

相信數據資料不會顯示的潛力

順便補充一點，這個聰明藝人的「壓力STUDY」單元[44]開播之後，好一陣子收視率都沒什麼起色。

隔天會有記錄電視節目每分鐘收視率的「每分鐘收視表」，而這個每分鐘收視率也始終無法提升。

但是製作人表示：「這個企畫很好，我們應該相信它！」叫我們別去看每分鐘收視率，要相信未來的潛力並堅持繼續。

有些製作人只在乎每天出來的每分鐘收視率，不過我認為一個製作人最重要的能力，應該是看出數據資料中不存在的可能性。

[44] 譯註：播出期間二〇〇七～二〇一六年三月。

check list !

□一個企畫準備多種觀看方式，能夠讓更多人看見。

□看出數據資料沒有秀出的未來潛力。

第5章

培養比點子更重要的「執行力」

點子經過企畫、實踐之後才有價值，因此你必須具備「傻勁」與「毅力」。

新企畫 18

全新測驗綜藝《老師，請作答》

我在雜誌上寫的關於家母回憶短文，居然出現在國中入學考試的國文考題上。自己的文章被用在國文，而且是考題上，我很開心。沒想到能夠出現在影響人生轉捩點的考題裡。

過了幾天，經紀公司將那份考題送到我手上。上頭的確摘錄我那篇散文的部分內容，開頭寫著：「閱讀以下文章，回答下列問題」。哇唔，真的是考卷呢！

問題一共有五題。我當時心想：「我也來回答看看吧。」我帶著幾分雀躍，一題一題作答。

第三題講的是我高中進入足球社的事。最後一場比賽結束後，其他三年級社員紛紛落淚，只有我沒有哭，反而覺得安心。題目是：「作者感到安心的理由是什麼？」答案有四個選項，我選了其中一個，接著看解答，我居然答錯了。

明明作者是我，我的答案卻是錯的。我把這件事告訴電視台的 A 先生，也讓他看看那個題目。A 先生開始作答，說出他的答案：「這題的答案是這個吧。」A 先生答對了。我說：「我的答案不是那個。」A 先生的國文成績很好，他說：「不，如果按照出題的脈絡，答案應該是這個。」於是我開始鬧彆扭，說：「寫文章的人是我啊！」

就是這樣，即使是自己寫的文章，也會答錯。

從此以後，我經常請教來上廣播節目的作家：「你的作品有沒有被當成考題過？」不少人回答有。我繼續追問：「你自己做過那些題目嗎？」一問之下，大家似乎都挑戰過。「都能答對嗎？」我問，結果許多人都說：「這個嘛，我沒有對答案。」沒錯，自己寫的作品一旦成了考題，作者自己也不清楚答案。

這件事讓我想到，國文閱讀測驗經常問到：「請回答當時的心情」等題目，可是考卷答案卻與作者的想法有很大出入。

因此我才會想出這個讓「老師」挑戰考題的節目企畫。

Please imagine this!

・拿小說家自己的作品考考他們

這項企畫才是重點。邀請小說家到攝影棚來，將他們的作品出成考題，請他們作答，究竟能夠答對幾題？有沒有答錯？正確答案與自己的答案差別在哪兒？經過說明，也可以得知作品背後不為人知的祕密。

若是考淺田次郎《鐵道員》的問題，他能否答對？

如果考 Lily Franky《東京鐵塔：老媽和我，有時還有老爸》的問題，他能否答對？

而要是讓百田尚樹回答《永遠的 0》的問題，他會不會答錯？

・學校老師也接受考試

這個單元是讓現任的國、高中老師考考其他學校出的考題。

受到學校學生喜愛的社會科老師，在全校學生面前，挑戰隔壁學校的社會科期末考題。老師究竟能否全數答對？

・醫生或律師也接受考試

也讓目前仍在執業的醫師、律師等「師」字輩的人，考考該年度的醫師國考試題、律師考試試題，看看他們究竟能否合格？

就像這樣，製作單位讓各行各業稱為「師」的人接受考試，觀眾則負責觀賞過程中的戲劇效果，換個方式傳遞知識，這就是「老師，請作答」。

企畫術

懂得當傻瓜的人，更願意打破常識

以電視圈來說，安排節目來賓是很重要的過程。

有時我看電視，心裡會想：「這個人真常上節目。」一面也感到嫉妒。

重點在於能否當個傻瓜

優秀的製作人與拙劣的製作人差別在於，我們這些編劇提出想邀的來賓時，能否直接對製作人說：「**你可不可以就笨一次，聽聽我怎麼說？**」

我認為開頭就說「不行」的人，永遠做不出賣座節目。

富士電視台的《SMAP × SMAP》節目經常邀請好萊塢名媛參與演出，開會討論時，也經常出現惹人狂笑的名字；那些名字絕對不可能出現在其他節目的會議上。我想，會議上會出現「要不要邀請亞蘭．德倫[45]上節目？」等對話，也只有《SMAP × SMAP》才能辦到了。

在討論過程中，大家心裡想的都是「對方怎麼可能答應來上節目？」不過我們的製作人、工作人員還是會說：「那就試試吧。」

邀請麥可．傑克森上《SMAP × SMAP》時，我們也沒有事先與他的經紀人預約，而是聽聞他要來日本的消息，才聯絡他的公關。

他答應上節目的可能性近乎 0%。但是製作人完全憑著一股傻勁，守在他下榻的飯店前面不睡覺，展現如變態跟蹤狂的黏人功夫，最後終於獲得對方首肯，答應當天來上節目。

東京用賀的 TMC 攝影棚自動門打開，麥克．傑克森走進攝影棚的那個畫面，至今仍烙印在我腦海裡。我認為那扇門開啟了一個奇蹟。

45 譯註：亞蘭．德倫（Alain Delon，1935-），一九六〇、七〇年代最受歡迎的法國演員，迄今依舊是美男子的代名詞。

有大人物登場的電視節目，多半是因為他們的製作人願意「當傻瓜」。

「真傻」與「裝傻」的不同

「真傻」與「裝傻」有很大的不同。真的傻瓜會帶給別人困擾。

但是，願意當傻瓜、裝傻的人很了不起；進攻一百次，總是會有奇蹟發生。

只要在節目中發生過一次奇蹟，奇蹟就會帶來奇蹟。

只要請到一位大人物上節目，其他人也會心想：「那個人也上過這個節目。」

一次的奇蹟就足以降低下次奇蹟發生的門檻。

因此這個《老師，請作答》的節目企畫也一

樣，與其擔心「小說家不想上這種節目吧？」不如先想想節目本身是否「有趣」。

然後，**「裝傻去問」，就有機會成功。**

被嫌棄的企畫才是好企畫

還有一種情況是，邀請來賓上節目，有些企畫會得到來賓答應，有些則否。

比起輕易就獲得來賓同意參與演出的企畫，**來賓不答應演出的節目，有可能是觀眾更想看的內容**。

但是，如果老是想些「來賓不答應演出」的節目，就不會有人來。**最重要的是要想出「來賓很可能不答應，卻又有點想答應」的企畫**。

小說家如果考國文卻答錯，他們會覺得丟臉。如果題目出自自己的作品，答錯的話，還是很丟臉，但這種設定中，絕對存在著吸引作者本人的東西。

另外補充一點，前面提過《SMAP × SMAP》邀請來賓上節目的情況，瑪丹娜同意上節目則是基於另外一個原因。

在瑪丹娜之前，也有其他外國藝人上節目表演。那位藝人在日本不太有名，卻還是有死忠的支持者。

該名藝人登場時，節目的每分鐘收視率反而下滑，而且下滑很多。那一集節目如果沒有那位藝人，平均收視率應該很高。

但是瑪丹娜同意上節目的原因之一，就是因為過去上過節目的外國藝人名單中，有那位藝人的名字。對於瑪丹娜來說，那位藝人願意上這個節目，意義重大。

因此，我想，**過去的失敗，之後也可能成為成功的種子**。

check list !

- □想實現奇蹟企畫，必須當一次傻瓜。
- □來賓不願參與的企畫，才是觀眾想看的企畫。
- □以失敗收場的嘗試，很可能是下次企畫成功的要素。

新企畫 19

展現專業的綜藝節目

《驚奇訂單 Marvelous Orders ～會這個的話，應該也會那個》

外科醫生每天進行切開、縫合人體的手術。

你有沒有想過，既然高明的外科醫生每天在龐大壓力下動手術，又切又縫，他們的裁縫技巧應該也很高超吧！

這個節目就是預先設定各領域專家或特殊才能者「你會○○的話，應該也會ＸＸ吧？」進而提出要求，問：「你要不要挑戰？」觀眾可以看到這些專家煩惱是否接受挑戰，以及挑戰的模樣。

製作單位提出的要求，全是一些令人忍不住想說：「MARVELOUS！（了不起）」的點子。

專家願意挑戰了不起的要求，觀眾就有機會看到前所未有的節目。

那麼，我們將邀請什麼樣的專家挑戰哪些了不起的要求呢？以下舉幾個具體例子。這是可當做節目重點的驚奇挑戰企畫。

Please imagine this!

・擅長手術的外科醫生應該也擅長裁縫

邀請手術技巧精湛的知名外科醫生參加「外科醫生裁縫比賽」。請同意參加的五名外科醫生集合在一個會場裡進行裁縫比賽。

縫合破掉的襯衫。替圍裙縫上補丁。縫製抹布。

每天縫合人體臟器或皮膚的外科醫生遇上裁縫，是否也能縫得漂亮又正確？比賽根據縫製速度與成品外觀給分，總分最高者就是第一名。

順帶補充一點，外科實習醫生也會在另一個會場比賽相同項目。大家可以看看實習醫生的裁縫能力是否也很有實習醫生的程度。

‧高明的園藝家應該也擅長剪頭髮

園藝家每天拿著剪刀，以精細的技術修剪盆栽。有些盆栽的價格驚人。園藝世界有著超乎我們想像的技術，僅僅幾公釐的誤差就可能毀掉整株盆栽，造成價格下跌。而這些園藝家擁有了不起的裁剪技術，每天投注全副心力修剪盆栽，應該也很擅長剪頭髮。

答應參賽的園藝家面前有位男士，他的頭髮已經好幾個月沒剪，雜亂無比。這位男士拿藝人照片給園藝家看，說：「請幫我剪這個髮型。」

究竟這些技巧高超的園藝家，能否成功剪出完美髮型呢？

比賽規則是園藝家必須使用美髮師的剪髮刀，因此園藝家答應參賽之後，拿著美髮師的剪刀練習的過程，也是節目的可看之處。

‧教主級美髮師應該也懂得修剪盆栽

這個設定是反過來，改由美髮師比賽修剪盆栽。

觀眾也能看到美髮師逐漸習慣園藝家園藝剪刀的過程。

正式比賽當天，選手面前是未經整理的盆栽，旁邊是一盆價值一百萬日圓的盆栽，比賽內容是「將面前這盆未經整理的盆栽修剪成旁邊那盆一百萬的盆栽」。

教主級美髮師是否會成功？他們剪好的盆栽價值多少錢呢？比賽將以價格當作評分依據。

・擅長使用衝浪板的衝浪選手，應該也有辦法用臉盆衝浪

衝浪也是奧運比賽項目之一[46]。衝浪選手具備無與倫比的平衡感，可在大浪裡站上衝浪板。既然他們能夠讓衝浪板乘風破浪，應該也有辦法踩著木製臉盆衝上浪頭吧？節目就是根據這個預設進行挑戰。

挑戰的內容是同時邀請四名衝浪選手參賽，而且四位的挑戰內容有些許不同。

其中一位衝浪選手要以臉盆挑戰，另外三位則分別以浴缸蓋、可以浮在水面的門、充氣浮墊等代替衝浪板參賽。

錄影地點在夏威夷。衝浪選手帶著代替衝浪板的臉盆、浴缸蓋、門、充氣浮墊，以及

專業態度入海，究竟誰能衝上大浪呢？

・記憶力超強的東大生應該也有辦法背食譜做菜

說到日本最好的大學，大家都會想到東京大學（簡稱東大），而就讀法學院的學生應該更是記憶力超群，因此製作單位要向擁有超強記憶力的東大生下戰帖。

發給擅長記憶的學生美味料理的食譜，可是該食譜並非一般食譜書的內容，而是大約有三百個步驟、寫得十分詳盡的食譜。

我們以專業廚師的超好吃馬鈴薯燉肉食譜為例。

這道食譜必須用上哪些蔬菜、什麼肉、幾公克？調味料也要清楚寫下以公克為單位的份量，整個製作過程清楚寫成文字。

既然清楚寫成文字，只要照著做，應該就能做出超好吃的馬鈴薯燉肉吧。

・火力大小調整至〇度。

46 譯註：二〇一六年，奧會宣布二〇二〇年東京奧運將新增五個運動項目，包括衝浪。

・××食材炒了〇分〇秒後，加入下一個材料。

總之就是要寫得很詳盡。

對記憶力有自信的東大生，花一週時間記下整個做菜流程。

好了，這位沒有做菜經驗的東大生，記住專業廚師寫成文字的完整食譜後，真的能只憑記憶就做出超好吃的料理嗎？

記憶力有辦法超越做菜技巧嗎？

・打過仗開過槍的人，應該也擅長玩射擊遊戲

這個單元僅限曾經從軍、打過仗的外國人報名。

現在坊間有很多射擊遊戲，許多人透過玩這種遊戲享受射擊的快感。

遊戲與戰爭不一樣嗎？這項挑戰正好可以回答這個問題。

只有戰場上很厲害的退伍軍人能夠挑戰這款射擊遊戲。而與他們對戰的，則是不曾打過仗、但是很會玩該款遊戲的高手。

獲勝的是上過戰場、看過戰爭殘酷的軍人？還是只在電玩遊戲開過槍的人？

‧擅長創意料理的廚師應該有辦法在一百秒內，利用突然出現的食材變出一道菜

經常看到利用冰箱剩菜製作料理的電視節目，而這個企畫更是將這種概念提升到最高境界。

究竟一流廚師看到突然出現的食材時，能否立刻做出一道菜？他們會做什麼？而且做菜時間只有一百秒。

廚房裡有十種食材，也準備了各式各樣的調味料，平底鍋也加熱到可以立即使用的狀態。

好了，廚師看到這十種食材，會選擇哪一種？如何使用？能在一百秒內做出什麼？

這是考驗廚師智慧、技術與經驗的企畫。

企畫術

最好有「兩成」反對

專家展現專家氣魄的瞬間，很有意思。

我做過的電視節目《矛×盾》就是這種情況。（雖然該節目最後以令人遺憾的方式結束。）[47]

這個節目一開始推出的招牌對決是「鐵板VS鑽頭」。剛開始我們原本以為不會有企業願意參加，經過工作人員熱情誠懇的勸說，終於有人答應。

只要節目播出後受到觀眾喜愛，自然就會有許多人願意參加；但在尚未看到具體成績前，沒有人敢貿然嘗試。因此在剛開始的階段，只能秉持熱情勸說。

十個人當中有十個人都接受的企畫NG

企畫成立之初，**最重要的是十位製作人看過，其中有七～八位都說：「沒人能做出這個企畫吧？」**

十個人中如果有十個人都認為這個企畫「可行」，反而不是好企畫。**所有人都能想像的內容，反而無法變成更有趣的內容。**

企畫的成立儘管困難，但最重要的是能否刺激到十個人當中兩～三人的成熟冒險心，做出「我們試試吧」、「如果成功的話，應該很有意思」的決定。

以《驚奇訂單》這類企畫為例，實際委託專業人士時，必須同時站在「我們這樣做很失禮」的角度，以及「儘管失禮卻

47 譯註：日本富士電視台於二〇一一～一三年製播的節目。台灣的緯來日本台播出時名為《矛盾大對決》。該節目因為參與對決的選手指控製作單位造假，因此電視台決定停播。

也勾起對方的專業氣魄」的角度。

「要求外科醫生做裁縫」很失禮，因為這是要縫合人體的專家去縫布。可是，外科醫生如果挑戰裁縫獲勝，應該也會很高興。

因為這能簡單明瞭地告訴觀眾：「醫生的縫合技巧果然高明」。

重點是勾起專業人士「我平常不做這種事，不過既然上電視，我就挑戰看看吧」的心情。

企畫要加入跳脫企畫的要素

前面提到的七個企畫範例中，有一個與其他幾個感覺不同。

也就是由記憶力超強的東大生背食譜的企畫。

一提到記憶力挑戰，一般都會想到讓東大生記住所有日本人名字等企畫。

但是加上「料理」這個不同要素，反而會讓這項企畫變得更「有趣」。只因為把焦點投射在原本不相干的料理好吃與否上了。

構思企畫時最重要的是，**要在企畫中加入不協調的企畫範例或略為不同的元素**。

透過這種方式可拓展挑選企畫者的想像力。說直接一點，挑選企畫者不見得全是聰明人，有些人缺乏想像力。

特地為這類人挑選感覺不同的範例很重要。

我覺得光是背食譜、做料理的點子也很有趣，不過我刻意把它加進這個企畫裡。

自己感到棘手的地方就是企畫的靈感來源

再補充一點，想到這個背食譜、做料理的點子，是我為了照顧小孩、減少工作、每天做菜的緣故。

我每天看著 Cookpad[48] 做菜，可是不管我做過幾次馬鈴薯燉肉、紅燒南瓜、滷芋頭等，還是記不住食譜。

48 譯註：一九九八年開設的日本最大食譜交流網站。

我記得要加的食材與製作順序，但是醬油、砂糖、味醂要幾大匙？水要幾cc？我都忘了。

在那當下，我想到：「記憶力很強的人一定都能輕鬆記住吧？」

日常生活棘手的事也能成為企畫的靈感來源。因為有能力者不懂無能力者的心情。

養成習慣，學會站在客觀立場看自己的棘手或痛苦，這點很重要。

check list !

- □十個人當中有十個人都覺得有趣的企畫代表無聊。
- □從客觀角度審視自己的「棘手」就是企畫的靈感來源。

新企畫 20

每天錄影的新型態綜藝《BET!!明天來下注》

通常黃金時段的綜藝節目都是現場直播，或是每兩個禮拜錄影一次。

隨著時代的演進，各式各樣的服務應運而生，在智慧型手機這個電視最大敵人出現之後，我們還可以繼續按照幾十年來不變的形式做節目嗎？

因此！這個企畫是以前所未有的形態製作，希望在每週日的黃金時段播出。

而這個節目到底與過去的節目有什麼不同呢？差別在於節目雖然每週播出一次，卻是週一到週六每天錄影，播出的內容是六天的錄影加上週日現場直播畫面。也就是說，為了一週一次的播出，必須整個禮拜，也就是七天連續錄影。

當然預算必須一開始就規畫好，預算較少也沒關係，攝影棚準備小小的節目布景即可。

主持人可以是一位新聞主播或尚未走紅的搞笑藝人，所以人事成本也無需花大錢就可以搞定。只不過這個人必須為了節目三百六十五天工作。

節目每一集邀請一組來賓，製作單位必須整個禮拜每天貼身採訪這組來賓，但每次錄影只要三十分鐘。

那麼，這究竟是什麼樣的節目呢？

Please imagine this!

首先是週一的錄影內容。攝影棚裡有主持人和本週來賓。

製作單位交給來賓事先準備好的一百萬日圓籌碼，來賓必須在一週內將這些籌碼賭光，也就是BET。

攝影棚會出現今天的「下注選項」。

★沖繩明天中午十二點的天氣是晴天或雨天？

★超人氣新宿居酒屋○○今天的來客數是否超過一千人？

★今天播放的○○節目收視率是否超過百分之十？
★札幌市今天從早到晚提出結婚申請的人數，比三十人多或少？
★今天ＮＴＴ「DoCoMo 赤坂門市」解約的人有沒有十位？
★明天在國會前示威遊行的人數，比十人多或少？
★涉谷內衣店一款每週頂多賣出一件的超暴露內衣，明天能否賣出去？

諸如此類，從新聞時事或街頭巷尾小道消息中，找出可以當成今天與明天「下注選項」的內容。

從中挑選一個選項下注。不同的「下注選項」當然有不同的賠率。簡單的選項賠率低，高難度的選項賠率高。來賓可使用一百萬日圓的籌碼盡情下注。

下好注之後，週一的錄影就結束了，每次錄影時間不超過三十分鐘。

接著隔天進行週二的錄影。首先告訴來賓前一天下注的結果。

自己究竟押對了沒？比方說，來賓選擇下注「札幌市提出結婚申請的人數」。攝影棚內會播放導播拍攝的全天畫面ＶＴＲ。來賓如果押對，籌碼就會增加，押錯則會減少。

聽完前一天的結果，接著要下注今天的選項。發表今天的「下注選項」後，來賓用籌碼下注。

週三、週四、週五、週六也以同樣方式錄影。然後到了最後一天的週日。

只有這天是現場直播。

首先播放週一～週六的VTR內容，每天長度約七分鐘，最後週日是現場節目，一起看看週六下注的結果，同時宣布籌碼的餘額。

籌碼餘額如果可以用來兌換不同商品或旅遊行程等，來賓也會很投入吧。

這是三百六十五天全年無休，連續錄影並播放的綜藝節目。

觀眾可透過這個企畫，愉快回顧日本一週大小事。這個節目將成為全新娛樂綜藝秀。

企畫術

期待有人抱怨：「為什麼以前沒有這個？」

我常在想，有人抱怨：「為什麼以前沒有這個？」的東西最能掀起風潮。

打造「前所未有」

我要舉的例子不是電視節目，而是近期的商品軟管高湯。

說到高湯，大家想到的通常是裝在袋子裡販售的液態高湯。

但是，幾年前開始出現軟管狀的產品，而且造成熱賣。軟管高湯與液態高湯不同，既不占空間，使用也方便。知道有這商品時，我心想：

「為什麼以前沒有這東西？」

過去也許是因為技術或成本等考量，無法生產，但消費者才不在乎這種理由。

正因為如此，如何找到「為什麼以前沒有這個？」就顯得很重要。

這個《BET!!明天來下注》節目企畫也是秉持同樣想法。

電視節目大多是每兩個禮拜進棚錄影一次或是現場直播。

但是每天錄影……這種「不可能」反而使得要做的事一下大增。

每天錄影首先要擔心的應該是成本吧？但是在小攝影棚搭小布景，不必太華麗，主持人也請還不紅的人即可。

透過這種方式在每週日一次播出整個禮拜每天錄影的內容……就已經做出「不可能存在」的節目了。而觀眾或許會抱怨：「為什麼以前沒有這種節目？」

對企畫人來說，最重要的是「毅力」

自從出現智慧型手機這個最大敵人之後，我認為電視節目的錄影模式、製作方式是時候改變了。

並非只要預算夠多就能製作出有趣的節目。電視圈充滿危機意識，因此現在反而是挑戰前所未有形式的最佳時機。

製作新東西最需要的就是「毅力」。

有才華的人都很有「毅力」。

「毅力」儘管聽來八股，但是打造有趣成果所需要的堅持、精力、體力，最終都會變成「毅力」。

因此，我們最近才會聽到「優秀的人有毅力」這種說法。

「毅力」很容易被人小看，但我希望各位看看身邊的人好好想想。

你認為優秀的人是否具備「毅力」呢？而不夠優秀的人，是否缺乏「毅力」呢？

正因為「毅力」是很老派的觀念，所以更需要重視。創新的人需要「毅力」突破重圍。

能夠在世界上找到某個東西讓人說：「為什麼以前沒有這個？」這樣的人才是強者！

當他們找到這種東西並著手推廣時，一定可以發揮強大的毅力。

check list !

□當大家都說：「為什麼以前沒有這個？」時，就會掀起風潮。

□缺乏「毅力」的企畫人無法做出全新的熱門作品。

新企畫 21

不自覺就想傾訴
《不願刪除的電話號碼和電子郵件》

現在正在閱讀這篇的你，手機裡是否還留著對方已經不在這世上，卻無法刪除的電話號碼或電子郵件呢？一定有吧。

為什麼無法刪除？難道是因為你覺得一旦刪除那個電話號碼或電子郵件，回憶也會跟著消失？

手機裡仍留存過世朋友的電話號碼、電子郵件，也就保留下與他的回憶。

我的手機有三個友人已不在人世，我卻無法刪除他們的電話號碼。

第一位是《笑也可以！》節目的年輕導播F，他原本很健康卻猝逝。

第二位是跟我一樣當節目編劇的W。我二十二歲時認識他，比我大兩歲，我還是菜鳥時常累得像條狗似地開會到天亮。直到我得知W疾病纏身活不久了，才發現我年輕時總是嫉妒W的才華。節目編劇大致上可以分成兩類：努力型與天才型。W的點子屬於天才型，靈感總是源源不絕。有段時期，我老想著：「我也要想出不輸W的點子！」我很嫉妒他。但是就在我明白自己絕對比不上他時，反而坦然接受自己不是天才的事實。發現自己不是天才後，我開始能以自己的方式前進。

第三位是歌手川村薰。川村姐因為罹患乳癌，在三十八歲那年病逝。年輕時拒絕上電視的她，生前最後兩年同意讓電視貼身追蹤她的日常生活，我們才得以近距離看到她身為搖滾歌手、也是母親的樣子。

川村姐參與我製作的電視節目演出時，因為好久沒上電視唱現場，在現場直播時出了一點小差錯。節目播出後，川村姐與工作人員一起去吃飯。她的身體當時已經被癌細胞侵襲，臉上卻沒有露出半點疼痛的表情，與我們一起前往餐廳。我問她：

「妳身上不覺得痛嗎？」

川村姐笑著說：

「超痛。」

到了店裡，川村姐點了啤酒。工作人員制止，她卻說，好不容易上了過去一直婉拒的電視節目表演，卻唱錯，她覺得很不甘心，一定要喝酒。那或許是川村姐的藉口，卻可以看出川村薰對人生的態度。我的舊手機現在仍保留著許多川村姐寄來的電子郵件。

Please imagine this!

這個企畫是邀請來賓談談自己仍在手機裡保留過世友人的電話號碼或電子郵件。

請來賓在電視上公開說出與逝者的回憶，他們也許會排斥。但我們卻是要求來賓拿著手機，談談手機裡那些人已辭世卻無法刪除的電話號碼是誰的？在什麼情況下交換手機號碼？為了什麼事情打電話？對方教了自己哪些事？有哪些回憶？與對方最後的對話內容是什麼？對方寄來、無法刪除的電子郵件內容是什麼？

我在部落格談到無法刪除的電話號碼，還問讀者：「各位的手機是否也有無法刪除的電話號碼？」也得到許多迴響。

各位的手機裡，多少都存著如今人已經不在，卻無法刪除的電話號碼。那個人可能是母親、父親、兄弟姊妹、丈夫、妻子、朋友、戀人……

事實上有位名人也在那篇文章底下留言，就是市川海老藏[49]。

市川海老藏寫道，他的手機也有無法刪除的電話號碼——分別是他的父親、中村勘三郎[50]、坂東三津五郎[51]這三位。

想像市川海老藏一手拿著手機，看著電話號碼，訴說與這三人的回憶。

一定……不，絕對可以聽到其他場合沒機會聽到的真摯內容。

49 譯註：歌舞伎演員、戲劇演員。本名堀越寶世，「市川海老藏」是歌舞伎襲名，他是第十一代市川海老藏。

50 譯註：歌舞伎演員，本名波野哲明，襲名第十八代中村勘三郎。

51 譯註：歌舞伎演員、戲劇演員，本名守田壽，襲名第十代坂東三津五郎。

企畫術

將個人強烈的想法注入企畫

我不確定這件事是否能夠說明這項企畫，總之我想在這裡提出來。

我從二十五歲開始過著代替父母償還債務的生活。

家父從事自營業，他不賭博也不奢侈浪費。

生意因為種種原因不順，欠下大筆債務。因此我從二十五歲便展開與父母一起償還鉅額負債的人生。

有天我突然接到一通電話叫我去銀行，才知道家裡有這筆債務。因為金額過於龐大，我一直以為絕對不可能償還。

我必須代替父親與律師商量，因此節目編劇的工作得請假幾天。雖然情況不是毫無退路，但也不是適合構思節目笑點的時候。

某個搞笑節目的導演很擔心我，打電話問我：「要不要緊？」聽我說完所有情況，他說：「你下禮拜來開會，會議結束後，你用詼諧的方式把這些事告訴其他人。」

老實說我當時心想：「這個人腦袋有問題嗎？」那是我人生最大的危機，全家人說不定得連夜逃走，他卻叫我用「詼諧的方式」敘述整件事？

隔週，我去開會。我心想，這也許是最後一次了。

會議結束後，那位導演說：「阿收最近有個有趣的經驗要和大家分享。」於是我開始說起自己的遭遇。我客觀看待自己這幾個禮拜的生活，以開朗、積極正面的語氣訴說。結果會議上的眾人都笑了。

現在想想，或許他們是認為：「這傢伙正在面對我不曾經歷的事。」聽到有人談起自己不曾經歷的事，自然會產生興趣，於是每個人都聽得津津有味，為我的搞笑而笑。

講完散會時，他們對我說：「加油。」

學會從客觀角度看待自己的人生

當時，我的感覺麻痺了。心想：「難道我的遭遇不該悲傷嗎？」

卓別林有句名言說：「近距離看人生是一場悲劇，遠距離看人生就成了喜劇。」真是一語中的。

從此我養成習慣，經常從客觀角度看自己的人生。

無論多麼悲傷、生氣、難過，我都能客觀看待。有了客觀的角度，才能想出企畫。

把悲傷或憤怒轉化成可消化的娛樂

悲傷或憤怒變成企畫，心中的那股情緒就能稍微消化掉。

妻子第一次懷寶寶時，寶寶很遺憾沒能夠活下來。

看到悲傷不已的妻子，我原本以為她無法再當搞笑藝人了，沒想到妻子一段時間後就重新站起，在當時連載的隨筆中寫下這件事。

那不是一篇悲傷的文章，而是開朗正面的筆觸，符合她搞笑藝人的風格。看到那篇文章，我再度明白這份工作多麼美好，可以把悲傷與痛苦變成娛樂，並且體認到過程中產生的力量。

後來妻子第二次懷孕，依舊遺憾收場。

我當時心想，能不能把這股遺憾與悲傷轉換成其他形式呢？

碰巧那個時候，TBS電視台找上我，問我要不要做電視劇。對方心裡盤算的八成是喜劇，我卻請對方同意我做生小孩的故事。

於是有了這齣《誕生》，堀北真希主演，田中美佐子飾演她的母親。故事描述這位母親到了五十歲才高齡懷孕生子。

而寫這齣電視劇劇本的過程中，我也深入學習了懷孕、生產相關知識，對我來說也是印象深刻的作品。

二〇一一年，我寫了超人氣漫畫《航海王》的原創劇場版電影《航海王電影：Z》劇本。

劇本從三一一東日本大地震發生前就動筆，直到地震發生後仍持續在寫。故事中最主要的敵人是名叫Z的前海軍上將。

導演長嶺達跟我說，希望我也製作Z在電影裡哼唱的歌曲。那首歌是電影的一大重點，是獻給死去海軍官兵們的鎮魂曲，名叫〈海導〉。用來憑弔戰爭中犧牲的海軍。

背後有強烈情感的企畫充滿力量

事實上寫出那樣的歌曲是基於某個原因，這是我第一次談這件事。我寫下那首歌的歌詞，是在地震發生剛過幾個月時。電視上播著地震畫面。當時我把自己的想法灌注到這首歌裡。

在電影裡，這首歌是獻給死去海軍的鎮魂曲，但是在我心中，這首歌是寫給在那場地震中消失於海嘯的人們。

這件事我沒有告訴過任何人，連導演都沒講。電影上映至今已經超過三年，所以我在這裡寫下這件事。

我相信創作時，創作當下充滿強烈情感和想法的作品，即使無需交待背景故事，也能綻放力量。

check list !

□能夠把人生最大的不幸變成娛樂，就是企畫的力量。

□蘊含個人強烈心意的企畫也更有力量。

新企畫 22

試著把危機變成轉機
《道德規範TV》

這個時代強力宣導「道德規範」，電視節目的製作會議上也講究道德規範。

過去的電視是集結一群道德淪喪之士，把樂趣傳送給民眾，現在卻不是這樣。

網路發達的現下，要抱怨或批判都很容易。電視台害怕那些抱怨與批判，卻又不得不製作節目。電視台會收到許多民眾的抱怨和批評，而現在這個時代卻是誰的意見也輕忽不得。

因此，這項節目企畫就是透過綜藝節目看看日本人的道德規範界線。

Please imagine this!

首先，攝影棚裡找來一百位民眾。這些人就是節目的「道德規範委員會」。成員包括二十幾歲的單身女性十人、三十幾歲的家庭主婦十人、五十幾歲的男性十人等，囊括不同世代與性別，加上現任教師十人、律師十人、在日本生活的外國人十人等，一共一百人。

所有人手邊有兩個按鈕，藍色是「有趣」，紅色是「違反道德規範」。

接著，攝影棚裡登場的藝人、文化人將「自認為有趣的事物」拍成影片，自由創作。要出外景也可以，表演短劇也可以，但是要請他們秉持「這個程度可能會違反道德規範」的心情製作「很希望在電視上表演的內容」。

然後在攝影棚播放這些內容，再由棚內的一百位道德規範委員會成員評分，看看是「有趣」還是「違反道德規範」。

若覺得違反個人認為的道德規範，究竟是哪裡不行？有輕視女性的嫌疑嗎？有性騷擾的感覺嗎？還是讓人覺得是在虐待生物呢？請評審說說哪些部分違反道德規範，再請製作作品的藝人、文化人全力解釋與反駁。

電視台經常收到的抱怨，通常直接歸類為「一般大眾的投訴」，但是一般大眾也包括各個世代、過著各種人生的人。我相信所謂的「一般大眾」看到「他人的控訴」，一定也會驚訝：「原來那樣不行啊。」

因此這個企畫是以綜藝節目的形式包裝，審視坊間民眾的道德觀。

看到有人穿海灘褲走在街上的影片，有人覺得好笑，有人感到不快，反應各異。那麼，生氣的人為什麼生氣？有人覺得是性騷擾，或許也有人提出意想不到的原因，認為「這樣是暴露了骯髒的身體」云云。

電視雖然受制於「道德規範」，但是道德規範反而是最好的綜藝秀。現在正適合好好了解道德範。這就是《道德規範ＴＶ》。

企畫術

遊走「道德邊緣」正是樂趣所在

利用企畫力，將最糟糕的危機變成最棒的轉機

有句話說：「危機就是轉機。」我很喜歡這句話。

身處電視圈的我，有時也會覺得電視圈現在的確進入危險期。

不只對手增加，創作時還得擔心「道德規範」。

因此，想要發揮創意也變得綁手綁腳。

面對這樣的電視環境，許多人會說：「現在的節目比以前無趣。」「一成不變。」

電視被民眾限制，又被民眾拋棄。

因此我認為最重要的是透過電視，而且是綜藝節目，給觀眾看看現在電視製作上

害怕什麼，為什麼一成不變。

倘若能夠讓觀眾看到這些，我相信也會有愈來愈多人認為：「咦？居然會害怕這種事？」或者站出來說：「那些所謂的『一般投訴』一點也不『一般』啊！」

開始在家顧小孩後，我看電視的機會也增加，遊走在道德邊緣的電視節目果然愈來愈少，這也是無可厚非。

但是，做危險或脫序的事，不叫「遊走在道德邊緣」。

我突然想起一件事。在《亂可行的！》節目中，有個整濱口優[52]的固定單元。因為我與濱口熟識，因此經常要負責整人內容。

我自認為整濱口單元中最具代表性的，就是濱口考取實際上不存在的大學那次企畫。那所大學名叫「桐堂（KiriDoh）大學」。濱口在入學典禮上唱校歌，不斷唱著：「桐堂～桐堂～」，就會變成「整人（DoKiri）、整人」[53]。

考上不存在的大學這個點子及大學名稱，都是我的主意。正確來說，我提案的是

52 譯註：日本搞笑二人組「好孩子」其中一員，因為綜藝節目《黃金傳說》的捕魚形象深植人心，在台灣也頗有知名度。

53 譯註：「桐堂桐堂」的日文連在一起唸，聽起來就像是「整人」的日文。

「桐士（KiriDo）大學」。

這個提案後來由負責整人的導播同意後得以執行，不過在一開始的會議上，反對的人不少。簡單來說他們認為「這很容易被識破吧～」

但我很了解濱口的個性，我和導播都認為「可行」，便決定著手進行，最後果然很成功。當然這背後還有不少工作人員的精心安排，另一方面也是因為要整的對象是濱口，才會成功上鉤。

想像自己遊走在道德邊緣，突破極限

這裡最重要的是「擁有突破極限的勇氣」。有辦法突破極限，爆發力才夠強大，令人印象深刻。「嘎哩嘎哩君」冰棒[54]推出玉米濃湯口味時，也曾經引起民眾嘩然。至於他們為什麼要推出玉米濃湯口味，理由很棒。

因為他們聽說民眾認為他們「不再冒險」了。

在玉米濃湯口味之前的嘎哩嘎哩君冰棒，感覺上的確推出較多暢銷口味。但是玉米濃湯口味再度增添嘎哩嘎哩君原有的俏皮、捉弄民眾的感覺。

這是成功打造出比銷售支數多上百倍、千倍形象的範例。從這個例子可以看到嘎哩嘎哩君突破的結果。

我所謂**「遊走道德邊緣」是指想像、妄想逗趣的事物**。對家庭主婦有益的資訊企畫也可以。只是在對家庭主婦有益的資訊中，應該也存在「遊走道德邊緣」的問題。

現在電視圈面臨困境，最重要的是，即使是普通的節目企畫，也應該想像、妄想其道德邊緣，把想像放大到最大再刪減……我也不斷努力這樣告訴自己。

把道德邊緣想像到極限，走出活路吧。

在企畫中植入自我風格

最後，趁此機會，我想聊聊企畫的自我風格。

54 譯註：日本歷史悠久的代表性冰品品牌，在台灣的 7-11 便利超商可以買到。

一個企畫要做出自我風格非常困難。但**若是缺乏自我風格，等於換人來做也行，你就會逐漸喪失價值**。

舉例來說，製作人說想做某個企畫，問你要不要加入。按照指示思考這個範圍之內的東西很輕鬆。但這麼一來，這份工作很可能不是非你不可，你也毀了自己的可能性。

即使是百分之九十九已說定的企畫，重點是剩下百分之一能否做出自我風格。

二〇一五年，人氣漫畫《新宿天鵝》[55]改編的真人電影版上映，劇本是由我負責。老實說接到這份工作時，我很煩惱，因為在此之前我不曾把原著漫畫改編成劇本（《航海王》電影版是原創故事）。

我擔心我這個業餘編劇能否使命必達，也質疑要我來做這份工作的意義。再加上電影的導演是園子溫[56]先生。

原著漫畫內容很有趣，講述新宿特種營業皮條客的故事，屬於男人的故事。當中有個名叫 Ageha 的陪酒女，在電影中是由澤尻英龍華飾演，不過我迷上了原作中的 Ageha，因此打算在這個屬於男人的故事裡，以自己的方式加入 Ageha 為主軸的戀愛片段。

結果電影後半段的戀愛情節感覺不錯；在百分之九十九無法更動的劇本裡，還有百分之一可以另闢蹊徑。

非我不可——周遭其他人或許不這麼認為，但自己有這個念頭最重要；時間久了，一定會有人看到你的用心。

自我風格在現在這個時代格外需要堅持。

check list !

- □思考企畫的道德邊界，突破極限。
- □要在企畫中替自我風格找尋活路，只有百分之一也好。

55 譯註：漫畫家和久井健於二〇〇五～二〇一三年連載的漫畫作品，全套三十八集。

56 譯註：日本鬼才導演，電影以血腥、暴力及色情題材著稱，在國際影展中屢獲殊榮，代表作包括《紀子出租中》等。

影視

節目編劇

鈴木收

新時代

葛瑞格・彼得斯（Greg Peters）

Netflix 國際開發長

日本 Netflix 董事長兼社長

日本的線上影音串流服務已經普及了嗎？

鈴木：這本書是將我對於電視及網路的相關想法集結成冊，書的最後，我打算與葛瑞格先生談談現在眾多線上串流公司如雨後春筍般崛起，今後的影音內容與電視將會如何發展。

葛瑞格：我對這點也很感興趣，期待能夠聊聊。

鈴木：我進入這行已經二十五年，現在四十三歲。去年有了孩子，所以請了育嬰假在家顧小孩。我因此有機會往後退一步看看電視，也真切體認到日本電視圈與四周環境正在大幅改變。

葛瑞格：原來如此。

鈴木：這當中，我認為 Netflix 占了相當重要的地位。因此，我想先請教的問題是，美國人在無線電視節目與 Netflix 等網路影音串流媒體上花費的觀賞時間，大約占多少比例？

葛瑞格：可以確定的是在網路上看影片的時間，遠遠超過看無線電視節目或有線電視節目的時間。

鈴木：果然沒錯。

葛瑞格：他們上網看影片的時間逐年增加。十幾、二十幾歲的年輕世代使用的時間更長。

鈴木：十幾、二十幾歲啊。

葛瑞格：相反地，觀看有線電視和無線電視等透過電視播放影音內容的人口，則始終維持在相同水準，沒有波動。

鈴木：我一直以為只是沒有成長，沒想到是維持水平嗎？

葛瑞格：視內容而有不同。比方說，影集、電視、電影這類影音內容，網路提供的內容恐怕比電視更能夠滿足觀眾的需求。

鈴木：我接下來要說的只是我個人的感覺。日本各家串流媒體公司都會公布他們的會員人數多寡，但老實說，實際上街訪問年輕人是否觀看某節目，卻很難感受到真如那些公司說的，有那麼多會員在收看……

57 作者註：這場對談是在二〇一五年十二月進行。

葛瑞格：這樣啊……

鈴木：不過我對 Netflix 十分期待。首先是貴公司的作品充滿原創性。然後是那些原創作品都很有趣。

葛瑞格：謝謝。

鈴木：Netflix 製作的影集《紙牌屋》（House of Cards）拿下艾美獎之後，網路影集開始站上與無線電視台製作的影集同樣的地位。我認為這一點很了不起。所以我很期待日本的網路付費節目也能夠帶起風潮。

葛瑞格：我也同樣期待。

鈴木：但是日本的情況與美國不同，感覺尚未養成付費收視的習慣。葛瑞格先生，貴公司實際開始提供服務之後，是否也在這方面感覺到很大的阻礙？

葛瑞格：同樣情況不只是在日本，德國、英國也是如此，他們也有國營電視台提供免費且優質的節目。我認為我們必須不斷強調敝公司雖然每個月都要收費，不過會提供值得一看的內容。

鈴木：而且要強調那些原創內容超有趣，對吧？我認為這就是 Netflix 傑出的地方。

接下來我們先不談電視內容。我想說，我對於現在的日本感受最深的是，民眾在國、高中生時仍然會全家人一起看電視。

但是等到高中畢業，開始獨自生活到二十幾歲左右，年輕人的家裡有電腦、智慧型手機，卻沒有電視。你對這一點有什麼感覺？

葛瑞格：可以確定的是，現在的年輕人對於看電視，想法已經與過去不同。他們從小就接觸網路，早已養成習慣，喜歡在自己方便的時間觀賞喜歡的內容。

相較之下，觀看一般電視節目必須被綁在固定的播出時段，因此變得沒那麼吸引人。

鈴木：因為人們對於節目播出時間與電視的概念已經改變了。

葛瑞格：青少年看電視的時間逐漸減少，我想原因就在他們對於這類娛樂的想法改變了。

鈴木：這對無線電視台來說是很嚴峻的現況，但他們必須接受。

葛瑞格：因此，若問我們能做些什麼，當然還是提供發揮網路特性的影音內容。如果高品質的作品能夠上網觀賞，年輕人或許也可感受到其中的魅力。我想，看完故事後覺得感動萬分的經驗，就是吸引跨世代觀眾的武器。

鈴木：Netflix 最先在日本推出的原創影音內容是真人實境秀《雙層公寓：都會男女》（Terrace House）與日劇《內衣白領風雲》（Underwear），好像都是以女性觀眾的喜好為主。請問這是為什麼呢？

葛瑞格：製作節目時最重要的是把好點子發揮到極限。

也就是說，比起「為了某些目標觀眾而製作」，我們更重視「如果製作這種節目，應該很有趣吧」的感覺。

因此我們不是看重女性觀眾才決定這麼做，而是挑選出來的有趣影音節目碰巧是這兩個罷了。

鈴木：原來如此。

葛瑞格：是啊。

如何讓觀眾看到電視做不到的影音內容？

鈴木：Netflix 的影集，有的場面非常情色，有的故事膽顫心驚，說穿了，就是在劇情裡加入無線電視台做不出來的呈現方式。這是貴公司一開始製作時，希望呈現的效果嗎？

葛瑞格：我的確希望提供觀眾以往電視無法播出的內容。

至於什麼樣的內容屬於這一類，其中一種就是在民營電視台不易找到贊助商播出的節目。

鈴木：舉例來說？

葛瑞格：暴力場面多的作品，或是性描寫較激烈的作品，再來就是想法太過新穎，贊助商跟不上的作品。還有一個就是節目的時間長度。

鈴木：真了不起。

葛瑞格：現在的無線電視節目，都會受限於「一小時的節目、每週播放幾次」的形式，我們的節目就沒有這種限制。創作者創作故事，也可自由打造呈現的形式。

鈴木：Netflix 製作的節目，感覺上有些偏離傳統模式。

葛瑞格：透過這種方式，我們才能打造出過去電視無法播出的節目，建立不同的觀眾群。

鈴木：有什麼具體的例子嗎？？

葛瑞格：我想舉兩個例子。Netflix有部原創電影《無境之獸》（Beasts of No Nation），故事的舞台是非洲……

鈴木：啊！就是那部前陣子改編成電影的作品吧！[58]

葛瑞格：對，對。主題是小男孩士兵，在Netflix與電影院同步上映。無線電視台很難拍攝這種內容。首先是這部作品的主題、劇情非常極端、深刻，恐怕連募集製作費都有困難。

鈴木：以無線電視台來說的確很難。

葛瑞格：可是，Netflix使用推薦引擎（recommendation engine）[59]系統，就能在全世界找到對這部作品感興趣的觀眾，並且將這部作品送到那些人面前。

鈴木：真了不起。

葛瑞格：我再舉一個例子，我們有個系列影集《漫威潔西卡瓊斯》（Jessica Jones），是漫威……

鈴木：啊，漫威！主角是女性那部吧！

葛瑞格：是的。不過這部影集與所謂的英雄影集或電影不同。主角是女性，而且有些超能力，依賴又執著，並非漫威漫畫中典型的英雄。這部作品在行銷時，也很難以「超級英雄」做為賣點。

鈴木：原來如此。

葛瑞格：還有許多類似影集，難以一言以蔽之，但有能力把創作者秉持「我想從這個角度做出這樣的作品！」的想法做出來的節目，確實送到想看這些作品的觀眾面前，這才是Netflix。

招攬有遠見與熱情的創作者

鈴木：Netflix在美國製作的作品，感覺重視創作者勝過演員。貴公司啟用創作者上，有什麼篩選重點嗎？比如說，導演要有一群死忠粉絲等等。

58 譯註：同名原著小說於二〇〇五年出版，電影於二〇一四年開拍，二〇一五年上映。

59 作者註：這個功能是Netflix配合每位用戶的喜好，推薦用戶可能感興趣的影音內容的系統。Netflix不僅根據作品的類型與演員等的語系資訊分類，也根據時代的氛圍、調性、情感等非語言資訊加上標籤（tag）分類，這些標籤的總數將近八萬個。各作品的標籤連結用戶的觀影行為（觀看哪種類型？看到哪裡停止等），提出推薦清單。Netflix的用戶超過80%以上都是根據這項推薦功能觀賞影片。

葛瑞格：我們還是會挑選具有遠見的人。這種人對於自己的點子擁有無比熱情，還能架構出細節。一看到這種熱情，就會讓人想與他一起工作。

鈴木：遠見與熱情！

葛瑞格：我們比較沒有過去電視台那些規矩，因此相較於內容，最重要的是創作者的遠見與熱情。

鈴木：Netflix 的作品的確看得出很重視創作者。

葛瑞格：That's right! 我們需要的創作者要有遠見，懂得思考：「這個人可以扮演什麼樣的角色？」還要有能力表達故事。

鈴木：製作影集時，假設是十三集的故事，劇本是全部先寫好嗎？

葛瑞格：不一定總是如此。

鈴木：真意外！打造影集故事時，還有什麼其他策略嗎？你們會不會研究其他賣座作品？

葛瑞格：情況各有不同。有些人腦中已規畫好接下來幾季的架構，準備了五年份的內容；也有人只有一開始的靈感，卻因為點子很有趣，所以眾人齊心協力投入製作。

鈴木：有了點子到製作完成，大約要花幾年時間呢？

葛瑞格：要看點子的具體程度，有些要一個月，有些則要一年。

鈴木：我很喜歡《超感 8 人組》（Sense 8）這部影集，不過因為影集有太多性別倒錯，我身邊的人跟我不太有共鳴（笑）。

因此，有一點我很好奇，不管是《超感 8 人組》、《勁爆女子監獄》（Orange is the New Black）或是《紙牌屋》，感覺上 Netflix 的創作經常出現同性戀的設定，而且也會出現露骨場面。加入這些設定是基於策略考量嗎？比方說要投社會少數人所好之類的？

葛瑞格：不是策略考量。《血脈》（Bloodline）、《毒梟》（Narcos）、《漫威夜魔俠》（Daredevil）等就沒有這些設定了，不是嗎？主軸劇情比什麼都重要，其他各種附加元素是什麼都無所謂。

我覺得「都無所謂」是因為沒必要擔心，因為那是過去電視節目沒有的東西。

鈴木：原來如此。那麼，貴公司去年有幾部原創作品呢？

葛瑞格：愈來愈多了（笑）。所以沒辦法說出一個具體數字。

鈴木：我想，貴公司的原創作品除了美國之外，在日本也開始有些動作。在其他國家也有嗎？

葛瑞格：我們在世界各地都有……哥倫比亞、墨西哥、英國、法國……然後前幾天（二〇一六年一月），我們終於開始提供全球服務，因此今後不只在日本，世界各地都會有更多原創作品問世。

鈴木：貴公司在日本的經營方向是希望以日本原創節目為主，還是以海外、美國製作的作品為主？

葛瑞格：以長遠的打算來說，因為還得考慮到全球市場，所以我們不是以國家為單位來規畫，我們提供的是全球網路電視的網路服務。

鈴木：這樣啊，也對！

葛瑞格：我認為真正的創作人，到哪兒都會做出觀眾支持的高品質內容。而 Netflix 所做的，就是把這些內容盡可能發送給世界各地更多想觀賞的觀眾。這是我們的遠程目標。

挑戰新領域

鈴木：我是個節目編劇，以綜藝節目為主，因此我好奇的是，Netflix 有非常多影集和紀錄片等，那麼綜藝節目呢？

葛瑞格：目前還沒有，不過有個例外，我們製作過《比爾・默瑞的歡樂聖誕》（A Very Murray Christmas）。

鈴木：我很期待看到那個節目。

葛瑞格：那是我們第一次挑戰綜藝節目，我想今後將會多方嘗試。

鈴木：原來如此。

葛瑞格：我們從結果學到了今後該如何做節目。我想我們往後還是會以影集、紀錄片、電影為主。

鈴木：日本的情況也是如此，製作綜藝節目的資金門檻相當高。不過我相信 Netflix 有能力在日本打破這道牆。

葛瑞格：我們有心想多方嘗試，今後會陸續挑戰。

鈴木：日本人很喜歡看搞笑節目，但一旦要付費，就突然不願意掏錢了（笑）。

葛瑞格：我們正在製作由又吉老師小說作品《火花》改編的電視劇60，今年春天預定在 Netflix 推出，希望觀眾屆時透過電視劇，看看日本的喜劇與漫才等搞笑形式是多麼有趣。

此外，我認為最重要的是要轉換成某種入門形式展現搞笑，而不是讓觀眾直接看搞笑表演。

鈴木：有本書我很喜歡，內容講述遊戲大廠任天堂的歷史。從瑪利歐出現以前的電玩遊戲和手錶開始，說明任天堂是如何成功。我覺得這本書很有意思，也推薦給電視台，希望拍成電視劇。

可是對方回應：「電視劇的內容只提單一企業，宣傳上會有困難。」創作出瑪利歐這個全球知名角色的人物，他的故事儘管有趣，卻無法出現在電視上，真的很可惜。我私心希望 Netflix 可以考慮拍成電視劇。

葛瑞格：我希望未來有機會深入討論這件事。

鈴木：（笑）當然！

娛樂的貧富差距日漸擴大

鈴木：你來到日本之後，想必也看了不少日本電視節目。有沒有什麼好奇或疑惑的地方想問呢？

葛瑞格：有件事我很好奇，日本人基本上二十四小時都會開著電視嗎？

鈴木：是的。

葛瑞格：日本人好像做什麼事都會開著電視，所以比起適合坐下來專注看的內容，我認為有更多節目可以一邊忙其他事情一邊觀賞。

鈴木：我暫停編劇工作，在家裡一邊帶小孩一邊看電視時，便注意到日本經濟貧富差距日漸擴大的同時，娛樂性質的電視節目貧富差距也逐漸擴大。

雖然有很多觀眾希望在電視上看到「修理壞掉的桌子」、「動手做今天的美味百元料理」這類與生活相關的節目，但也有人對這些內容不感興趣。我認為這就是一種娛

60 譯註：：《火花》是日本搞笑二人組 Peace 成員之一的又吉直樹獲得第一五三屆芥川賞的文學作品。同名日劇已於二〇一六年六月在 Netflix 上架。

樂貧富差距。

比方說，五年前看到電視上有人吃超豪華料理吃到飽的痛苦模樣會覺得好笑，現在看到這樣的內容，有人會先想到浪費食物。

娛樂也出現這麼大的差異，感覺變得愈來愈狹隘了。

葛瑞格：Netflix的優點就是任何立場的觀眾都能找到自己喜歡的節目。比方說，Netflix在美國製作的《勁爆女子監獄》等影集，製作時希望觀眾從各種角度愉快觀賞，因此不管是高所得還是低收入者都喜歡這部影集的故事內容。

鈴木：無論哪種觀眾，都能找到自己可以接納的角度，這種安排真了不起。

沒有針對智慧型手機製作影音內容

鈴木：我想問個或許很尖銳的問題。民眾有音樂、影片、APP等各種選擇，貴公司卻希望每人每月支付五百日圓（約新台幣一百五十元）以上的會費收視，我認為這個門檻在日本來講實在很高。有錢人姑且不提，但是要一般大眾花五百～一千日圓看節目極為困難。你怎麼看？

葛瑞格：我想這需要花上一些時間。但是，相較於去電影院看電影或是買電視，或是花錢收看其他形式的付費電視內容，我認為這樣的收費很合理。最重要的是逐步取得大眾的理解，並認同付費使用很值得。

鈴木：日本觀眾漸漸離開電視，電視圈正在以每次一公釐的幅度逐漸縮小。貴公司希望為了Netflix或Hulu[61]而離開電視的觀眾能重拾影音內容，並且讓這種文化在日本扎根嗎？

葛瑞格：事實上我們在其他國家也在推廣這種文化。離開電視的觀眾並非不想看影音內容，而是因為找不到自己想看的節目。因此，影音內容固然重要，不過一旦感受過網路的便利，觀眾就離不開方便的「觀影方式」。只要能滿足這兩者，我相信大家都會回來看節目。

鈴木：美國有很多人用手機看影片嗎？

葛瑞格：有是有，不過多數人還是喜歡用家裡的電視觀賞。

61 譯註：知名的正版影視節目網站，目前僅對美國與日本提供服務。

鈴木：這樣啊。我也用電視看Netflix。你認為用手機看影片的文化將有什麼樣的發展？

葛瑞格：許多美國人都習慣在家看電視，美國Netflix的會員也用電視或手機追劇，或是利用各種行動裝置追劇，但所占的時間比例較少。舉例來說，用電視看影集的畫質比較好，經驗上也較為輕鬆愉快，但所處環境無法用電視觀看而又想追劇，就可以用手機看，串流服務的硬體選項較多。

鈴木：日本人用手機看影片的時間也增加了吧？

葛瑞格：我認為是的。如果利用手機觀賞好電影，趁通勤時間用手機追劇的人也會逐漸增加。

鈴木：我與大學生聊過，他們表示家裡沒裝電視，都是用手機看節目。

葛瑞格：美國也是如此，尤其是年輕人。父母在客廳看電視，孩子只能躲在房間用手機觀賞節目。

鈴木：貴公司今後也打算為手機量身打造合適的內容嗎？

葛瑞格：我想我們追求的始終都是提供更好的影音內容。有人用電視觀賞那些內容，也有人想用手機看。

鈴木：關於這一點，Netflix 的節目還是透過電視觀賞最好嗎？

葛瑞格：我個人喜歡用大螢幕看，不過十六七歲的青少年或許更喜歡躲在自己房間用手機看，因人而異。所以關鍵還是優質的影音內容。

鈴木：意思是創造有趣的作品，就會出現各種觀看方式，對吧！那股自信著實令人佩服。

讓外國人接受日本影音內容不可或缺的是？

鈴木：很抱歉問這問題，我最近聽說 Netflix 宣布如果在日本發展三年還沒能夠普及的話，你們打算離開日本市場……（笑）

葛瑞格：我當然希望永遠待在這裡（笑）。面對日本這個市場，我想一般企業應該會這麼想：「好，我們要在日本推廣自己的服務了，大概要花這麼多成本，所以得有這種程度的收益才行。」

鈴木：是啊，一般應該都是這樣。

葛瑞格：不過就像我前面說過的，我們打算經營全球網路服務，所以會從兩個角度看日本。

一是所謂的多媒體創意。日本有許多故事，也有許多人擁有創造影音內容的想像力，我想與這些人共事。另一個就是，日本有許多用戶想看 Netflix 提供的各式內容。根據這兩點，不論從哪個角度看，都是我們絕對不能退出日本市場的原因。

鈴木：貴公司期待日本出現什麼樣的創意人呢？

葛瑞格：日本動畫不只在日本，在世界各地都有很多粉絲。因此我希望與日本傑出的動畫創作者一同打造原創作品並推廣到全世界。

鈴木：動畫是日本強有力的武器。

葛瑞格：而且今後會變得更強大。以 Polygon Pictures 公司的《亞人》[62]為例，Netflix 不僅在日本，也打算在海外播放。

鈴木：動畫以外的日劇或日本電影難以推廣到海外，你認為是什麼原因呢？

葛瑞格：因為目前的日劇，都不是站在「給全世界人觀看」的角度製作。

鈴木：原來如此……這一點很重要呢。

葛瑞格：我們能夠做的，首先是讓全世界觀眾看到日本的作品，這麼一來，創作者就會注意到原來還有其他國家的觀眾，在製作階段就會顧及全世界的觀眾，進而逐漸改變影音內容。

鈴木：這樣子製作方式也會逐步改變了。

葛瑞格：是的。劇本的寫法也會跟著改變，做出來的成品也會變成其他國家的觀眾也能明白的內容。故事方面，我認為日本作品已經存在許多有趣的內容，因此其他國家的觀眾雖然要花上一段時間才能接受，不過會漸漸改變。

鈴木：哎呀，真有意思。今後如果有什麼適合一起合作的內容，請務必找我。

葛瑞格：當然。不管是電視劇或綜藝節目都好，或是以電視劇方式讓觀眾看看綜藝節目的製作過程也可以，我們都想多方嘗試。所以如果你有什麼好點子，請務必聯絡我們。

鈴木：嗯，就做些日本無線電視台無法做的東西吧。

葛瑞格：那些東西我們也很期待。

鈴木：等你們做出讓日本電視台製作班底真心嫉妒的節目時，或許就能夠普及

62 譯註：櫻井畫門的日本漫畫作品。二〇一六年一月改編成同名動畫在 Netflix 上架。

了。

葛瑞格：（笑）。那很好！

鈴木：今天很感謝你接受訪問。

葛瑞格：謝謝。

後記

各位讀完這本書，覺得如何？

我在此重申，如果書中提出的點子已經有人想到，或者已經推出類似的東西，本人深感抱歉。

我相信這本書的出版，恐怕也惹得部分電視圈人士不快吧。

但是，現在電視正面臨空前的大改變，我認為在這個時間點推出這本書很重要。

即使各位現在無法理解，我想幾年後就會明白。我一直在想，這本書出版後，我該如何行動？

大約十年前，品川庄司的品川曾跟我說：「『做』與『打算做』之間，隔著一道洪流。」

這是我最喜歡的一句話。

「打算做」的人很多，實際「做」卻很難；你會發現自以為單薄的臉皮其實厚得要命。

我一直想著「有一天要動筆寫」這本書，而撰稿過程確實也很累人。

但是我已經四十三歲，再這樣任由時間流逝，轉眼間就要五十歲了。因此我深深地認為今後的人生重點就是把幾個「打算做」付諸實踐。

這次我以這種方式「做」到了。我要對給予機會的幻冬舍致上深深謝意。

就是這樣。

期待這本書裡的企畫都能具體實現。

鈴木收

感謝您購買 **網紅自媒體時代，企畫力才是王道**

為了提供您更多的讀書樂趣，請費心填妥下列資料，直接郵遞（免貼郵票），即可成為奇光的會員，享有定期書訊與優惠禮遇。

姓名：＿＿＿＿＿＿＿＿ 身分證字號：＿＿＿＿＿＿＿＿

性別：□女 □男 生日：

學歷：□國中（含以下） □高中職 □大專 □研究所以上

職業：□生產\製造 □金融\商業 □傳播\廣告 □軍警\公務員

□教育\文化 □旅遊\運輸 □醫療\保健 □仲介\服務

□學生 □自由\家管 □其他

連絡地址：□□□ ＿＿＿＿＿＿＿＿＿＿＿＿＿＿

連絡電話：公（ ）＿＿＿＿＿＿ 宅（ ）＿＿＿＿＿＿

E-mail：＿＿＿＿＿＿＿＿＿＿＿＿＿＿＿＿

■您從何處得知本書訊息？（可複選）

□書店 □書評 □報紙 □廣播 □電視 □雜誌 □共和國書訊

□直接郵件 □全球資訊網 □親友介紹 □其他

■您通常以何種方式購書？（可複選）

□逛書店 □郵撥 □網路 □信用卡傳真 □其他

■您的閱讀習慣：

文　學 □華文小說 □西洋文學 □日本文學 □古典 □當代

□科幻奇幻 □恐怖靈異 □歷史傳記 □推理 □言情

非文學 □生態環保 □社會科學 □自然科學 □百科 □藝術

□歷史人文 □生活風格 □民俗宗教 □哲學 □其他

■您對本書的評價（請填代號：1.非常滿意 2.滿意 3.尚可 4.待改進）

書名＿＿ 封面設計＿＿ 版面編排＿＿ 印刷＿＿ 內容＿＿ 整體評價＿＿

■您對本書的建議：

請沿虛線剪下

Lumières
奇光出版
客服電話：0800-221029
傳真：02-86671065
電子信箱：lumieres@bookrep.com.tw

請沿虛線對折寄回

廣　告　回　函
板橋郵局登記證
板橋廣字第10號

信　函

231
新北市新店區民權路108-4號8樓
奇光出版　收

請沿虛線剪下

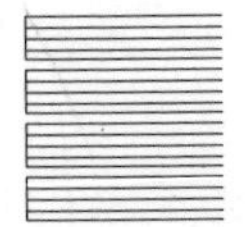